安徽省高职高专药学类专业实训教程系列规划教材

药物制剂实训教程

范高福　刘修树　主编
张健泓　主审

·北京·

内容提要

本教材以药物制剂生产过程为主线，融合药物制剂设备、药物制剂生产、药物制剂检验、药物制剂工艺验证、药品生产质量管理五门课程的核心知识和技能，参照和借鉴《药品生产质量管理规范（2010 年修订）》、2015 年版《中华人民共和国药典》及药学类专业职业资格考核标准（药物制剂工种等）的要求和标准组织内容。本教材按照"工学结合、项目导向、任务驱动"编写模式，结合本省高职院校实际的实训条件，内容共分为"基本技能实训、专业技能实训、综合技能实训、新剂型拓展实训"四大篇章，主要针对常见实用剂型制备（溶液剂、混悬剂、乳剂等液体药剂，颗粒剂、片剂、包衣片剂、胶囊剂等固体药剂，软膏剂、凝胶剂等半固体药剂，水针剂及冻干粉针剂等无菌药剂等剂型）及药物制剂新剂型，囊括了常见药物制剂企业的实际生产情境。

本书内容重在对学生顶岗实习之前的专业知识和技能进行拓展和升华，强调实训过程的完整性和工作过程化。本书可作为药学、药品生产技术、药品质量与安全及相关专业高职学生教材，也可供制药生产企业及药物制剂工培训、制药企业工人岗位培训等参考。

图书在版编目（CIP）数据

药物制剂实训教程/范高福，刘修树主编. —北京：化学工业出版社，2020.8（2024.2重印）

ISBN 978-7-122-37095-2

Ⅰ.①药… Ⅱ.①范… ②刘… Ⅲ.①药物-制剂-教材 Ⅳ.①TQ460.6

中国版本图书馆 CIP 数据核字（2020）第 089347 号

责任编辑：张 蕾 刘 军　　　　　　　　　　　　　　　装帧设计：史利平
责任校对：宋 玮

出版发行：化学工业出版社（北京市东城区青年湖南街 13 号　邮政编码 100011）
印　　刷：北京云浩印刷有限责任公司
装　　订：三河市振勇印装有限公司
710mm×1000mm　1/16　印张 18½　字数 368 千字　2024 年 2 月北京第 1 版第 2 次印刷

购书咨询：010-64518888　　　　　　　　　　售后服务：010-64518899
网　　址：http://www.cip.com.cn
凡购买本书，如有缺损质量问题，本社销售中心负责调换。

定　　价：48.00 元　　　　　　　　　　　　　　　　版权所有　违者必究

编写人员名单

主　编　范高福　刘修树

副主编　汪玉玲　汤洁　梁延波　龚菊梅　蔡玉华

编　者
付恩桃　合肥职业技术学院
刘龙云　合肥职业技术学院
汤　洁　合肥职业技术学院
刘修树　合肥职业技术学院
范高福　合肥职业技术学院
蔡玉华　合肥职业技术学院
龚菊梅　合肥职业技术学院
吴　丹　合肥职业技术学院
戴若萌　合肥职业技术学院
于宗琴　山东医药高等专科学校
孟　佳　辽宁医药职业学院
汪玉玲　滁州城市职业学院
朱　迪　滁州城市职业学院
张先文　上海海虹实业（集团）巢湖今辰药业有限公司
梁延波　上海海虹实业（集团）巢湖今辰药业有限公司
邱振海　上海海虹实业（集团）巢湖今辰药业有限公司

主　审　张健泓

前　言

　　高职教育培养的是面向生产和服务一线的技术技能型人才，注重学生的动手能力和实践操作技能的培养。药物制剂是以药剂学、药物制剂技术及制药设备等相关理论和技术为基础，将具有治疗活性的化学合成药物、天然提取药物及生物技术药物通过一定的制备方法和生产设备制成适宜的剂型，保证以质量优良的制剂满足医疗卫生健康的需要。

　　本教材以药物制剂生产过程为主线，融合药物制剂设备、药物制剂生产、药物制剂检验、药物制剂工艺验证、药品生产质量管理五门课程的核心知识和技能，参照和借鉴《药品生产质量管理规范（2010年修订）》、2015年版《中华人民共和国药典》及药学类专业职业资格考核标准（药物制剂工种等）的要求和标准组织内容。本教材按照"工学结合、项目导向、任务驱动"编写模式，结合本省高职院校实际的实训条件，图文并茂，内容共分为"基本技能实训、专业技能实训、综合技能实训、新剂型拓展实训"四大篇章，十个模块，二十八个项目，主要针对常见实用剂型制备（溶液剂、混悬剂、乳剂等液体药剂，颗粒剂、片剂、包衣片剂、胶囊剂等固体药剂，软膏剂、凝胶剂等半固体药剂，水针剂及冻干粉针剂等无菌药剂等剂型）及药物制剂新剂型（微型胶囊、包合物），囊括了常见药物制剂企业的实际生产情境。本书遴选源自于院校省级示范实训室、合作药品生产企业及药品生产设备供应商提供的真实主流设备实物图。本书内容重在对学生顶岗实习之前的专业知识和技能进行拓展和升华，强调实训过程的完整性和工作过程化。本书可作为药品生产技术、药品质量与安全、药学及相关专业高职学生教材，也可供制药生产企业及药物制剂工培训、制药企业工人岗位培训等阅读参考。

　　本教材受到安徽省质量工程项目"高职高专药学类专业实训教程系列教材"（2018yljc275）、合肥市教育名师工作室领衔人项目（合教〔2019〕93号）、安徽省质量工程"高水平高职药学专业"（2018lyzy131）、安徽省高校学科（专业）拔尖人才学术资助项目（gxbjZD80）、安徽省质量工程"药物制剂创新教学团队"项目（2019cxtd112）资助，由国家优质专科高等职业院校、广东省示范性高职院校广东食品药品职业学院张健泓教授主审，张教授主持《药物制剂技术》国家级精品资源共享课程，担任"十二五"职业教育国家级规划教材《药物制剂技术》（第3版）主编，对本教材内容提出了具体的指导性建议。同时对上海海虹实业（集团）巢湖今辰药业有限公司提供大量制药设备实图表示感谢。此外，在编写过程中参考和借鉴了许多专家学者的研究成果，在此向这些作者表示真挚的感谢。

由于作者水平有限加之时间仓促，书中难免存在疏漏之处，敬请读者批评指正。

编　者
2020年4月

目 录

第一篇

基本技能实训

模块一 ▶▶ 液体制剂实训

项目一　低分子溶液的制备

▶▶·【实训目标】

一、知识目标

1. 掌握低分子溶液剂的制备方法；

2. 熟悉溶液剂的质量检查；

3. 了解溶液剂的形成原理及临床用途。

二、能力目标

学会正确选用称量器具进行称量操作；能正确选用和使用表面活性剂、溶剂和附加剂；能进行溶液型液体制剂的制备；能进行液体制剂制备过程中的各项基本操作。

任务 1　单糖浆的制备

▶▶【处方】

蔗糖	850g	纯化水	适量

共制   1000ml

【处方分析】

蔗糖为主药，纯化水为溶剂。

【临床适应证】

本品主要用于液体药剂中的矫味剂，或用做丸、片剂的赋形剂。

【贮藏】

宜贮存于清洁、干燥、灭菌的玻璃瓶中，密闭，在30℃以下避光保存。

【生产工艺流程图】

单糖浆的生产工艺流程见图1-1。

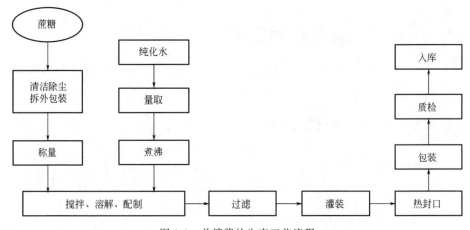

图1-1　单糖浆的生产工艺流程

【制备方法】

取纯化水450ml，煮沸后，加蔗糖，搅拌使之溶解；继续加热至100℃，用脱脂棉滤过后，自滤器上添加适量的热水，使其冷却至室温时为1000ml，搅匀，即得。

【注解】

1.单糖浆一般为蔗糖的水溶液，含蔗糖85％（g/ml），或64.7％（g/g），25℃时比重为1.313，沸点约为103.8℃。

2.蔗糖品质的优劣对糖浆的质量有很大影响，所用蔗糖符合《中华人民共和国药典》（以下简称《中国药典》）标准，成品质量易保证，质量低劣的蔗糖含有泥沙、黏液质、微生物等杂质，制成的糖浆不仅色泽深，澄明度不好，而且易发霉，不应选为原料。

3. 蔗糖为双糖，因此用本法制备糖浆时，温度升到100℃之后的时间非常重要，加热时间长（特别当有酸存在时），蔗糖可水解为果糖和葡萄糖（转化糖），含转化糖量过高的糖浆，在贮藏期间能加速发酵变质，故《中国药典》中规定蔗糖中转化糖的含量不得超过3%。同时转化糖受热还可生成焦糖而使成品颜色变深。因此加热时间不要太长，但太短达不到灭菌目的，也不适宜。一般使蔗糖全部溶解后，应趁热用脱脂棉过滤，如时间稍久，蔗糖易析出结晶，此结晶不易再溶解于糖浆内。难以滤清的糖浆，可在加热时加入少许鸡蛋清（或其他澄清剂）搅拌，当蛋白凝固时将杂质微粒吸附而有利于滤清。大量生产时过滤糖浆可用压滤机，用适宜的纤维滤材滤过。

4. 本品亦可用渗漉法制之，置蔗糖于渗漉筒内，先加入纯化水450ml。使蔗糖全部溶解，收集渗漉液于1000ml容器中，再自渗漉筒内加入适量热纯化水，制成1000ml即得。用本法制备的糖浆，颜色洁白纯粹，但不如加热法迅速，且加热至100℃已经灭菌，故易于保存。

5. 包装容器洗净后应干热灭菌。趁热灌装后应将容器密塞倒置放冷后，再恢复直立，以防止蒸汽冷凝成水珠存于瓶颈使糖浆发酵变质。

6. 溶解药物时，取处方溶剂的1/2～3/4量，加入药物搅拌使之溶解，必要时加热。难溶性药物应先加入溶解，也可加入适量的助溶剂或采用复合剂，帮助使之溶解。易溶性药物、液体药物及挥发性药物最后加入。

7. 应反复过滤，直至可见异物检查合格为止。

8. 包装及贴标签：质量检查合格后，定量分装于适当的容器中，一般情况内服液体制剂为蓝色标签，外用液体制剂为红色标签。

9. 根据需要可加入一些附加剂，如增溶剂、助溶剂、潜溶剂、防腐剂、矫味剂、着色剂和稳定剂等。制备过程中物料的加入顺序如下：一般助溶剂、潜溶剂、稳定剂等附加剂最先加入，固体药物中难溶性药物先加入溶解，易溶性药物、液体药物及挥发性药物后加入。

10. 成品应进行质量检查，包括外观、性状、配制量、可见异物检查等项目。

>>· 【主要物料】

蔗糖、纯化水。

>>· 【主要生产设备】

配液罐、循环水式多用真空泵、糖浆灌装机等。

设备的种类及要点	设备展示
配液罐（图1-2） 原理：可分为浓配液罐和稀配液罐，可具有加热、冷却、保温、搅拌等作用 结构组成：筒体、封头、夹套或盘管（加热或冷却循环）、搅拌器（锚式、桨式或涡轮式）、轴封装置（机械密封）、支撑（平台、支腿、移动脚轮）、保温介质等 适用范围：溶液剂浓配或稀配	 图1-2　配液罐
循环水式多用真空泵（图1-3） 原理：泵体中装有适量的水作为工作液。工作液在离心力作用下形成沿泵壳旋流的水环，由于叶轮偏心位置，水环和叶片作相对运行，使相邻两叶片之间的空间容积呈周期性变化，有如液体"活塞"叶栅中作径向往复运行 适用范围：配用抽滤瓶，作液体制剂的真空抽滤使用	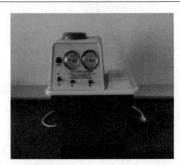 图1-3　循环水式多用真空泵
糖浆灌装机（图1-4）及生产线（图1-5） 原理：本机由高精度凸轮分度机构提供分度等分盘定位上塞上盖；加速度凸轮转动提供旋盖头的升降；恒扭矩旋盖；蠕动泵计量罐装；触摸屏控制。无瓶不灌装，不加内塞、外盖，具定位精确，传动平稳，保护瓶盖，计量准，操作简单等优点 适用范围：2～20ml各种材质的圆形扁形塑料或玻璃瓶的液体制剂的灌装	 图1-4　糖浆灌装机  图1-5　生产线

>>· 【生产实训记录】

1. 实训结果记录格式表（表 1-1）

表 1-1 单糖浆实验结果记录表

项目	单糖浆
外观	
相对密度	
pH 值	
结论	

2. 实训中间品或成品展示

（侧重于实训过程现象的记载及问题的处理）

>>· 【质量要求】

应符合糖浆剂项下有关的各项规定。

1. 外观性状：除另有规定外，糖浆剂应澄清。在贮存期间不得有发霉、酸败、异臭、产生气体或其他变质现象。含药材提取物的糖浆剂允许含少量轻摇即散的沉淀。

2. 蔗糖含量：除另有规定外，含蔗糖量不低于 45%（g/ml）。

3. 一般检查相对密度、pH。

相对密度：按照《中国药典》2015 年版四部（通则 0601 相对密度测定法）测定，应符合规定。

pH：按照《中国药典》2015 年版四部（通则 0631 pH 测定法）测定，应符合规定。

4. 装量：单剂量灌装的糖浆剂，按照下述方法检查，应符合规定。

检查方法：取 5 支供试品，将内容物分别倒入经标化的量入式量筒内，尽量倾净。在室温下检视，每支装量与标示装量比较，少于标示装量的应不得多于 1 支，并不得少于标示装量的 95%。

多剂量灌装的糖浆剂，按照《中国药典》2015 年版三部（通则 0942 最低装量检查法）检查，应符合规定。

5. 除另有规定以外，一般将药物用新煮沸过的水溶解，加入单糖浆；如直接加入蔗糖配制，则需煮沸，必要时过滤，并在自滤器上添加适量新煮沸过的水至处方规定量。

6.根据需要可加入附加剂。如需加入附加剂，山梨酸和苯甲酸的用量不得超过0.3%（其钾盐、钠盐的用量分别按酸计算），羟苯甲酸酯类的用量不得超过0.05%；如需加入其他附加剂，其品种与用量应符合国家标准的有关规定，不影响产品稳定性，并应避免对检验产生干扰。必要时可加入适量的乙醇、甘油或其他多元醇。

7.微生物限度检查：按照《中国药典》2015年版四部（通则1105非无菌产品微生物限度检查：微生物计数法、通则1106非无菌产品微生物限度检查：控制菌检查法和通则1107非无菌产品微生物限度标准）检查，应符合规定。

≫· 【技能考核标准】

糖浆剂的制备操作技能考核标准

姓名：＿＿＿＿＿＿＿＿　　　学号：＿＿＿＿＿＿＿＿　　　得分：＿＿＿＿＿＿＿＿

序号	考核内容	考核要点	配分	评分标准	得分
1	操作前	(1)工作服穿戴是否整齐 (2)个人卫生(洗手等)是否符合要求	5 5	有一项不符合要求将此项分值扣除	
		(3)对制剂所需仪器、器具的选用是否正确	10	有一项不符合要求将此项分值扣除	
		(4)有否进行必要的清洗,是否符合制剂卫生要求 (5)对所取的药物是否正确	5 5		
2	操作时	(6)天平使用:零点调整、砝码使用、称量操作、读数等	15	使用仪器不符合操作规程,方法不正确扣8分;操作仪器动作不准确、不熟练扣2分,扣完为止,不倒扣分	
		(7)量具使用:取液操作、数值读取	15	使用仪器不符合操作规程,方法不正确扣6分;操作仪器动作不准确、不熟练扣2分,扣完为止,不倒扣分	
		(8)药物溶解、搅拌、过滤等方法	15	使用仪器不符合操作规程,方法不正确扣6分;操作仪器动作不准确、不熟练扣2分,扣完为止,不倒扣分	
3	操作后	(9)对所制备的制剂有否进行适当的包装,标签书写是否正确	15	有一项不符合要求将此项分值扣除	
		(10)有否做好操作后的清场工作	10	有一项不符合要求将此项分值扣除	
	总分		100		

任务 2　薄荷水的制备

>> **【处方】**

薄荷油	2ml	滑石粉	15g
轻质碳酸镁	7.5g	活性炭	7.5g
纯化水	适量	共制	1000ml

>> **【处方分析】**

薄荷油为主药，滑石粉为分散剂，纯化水为溶剂。

>> **【临床适应证】**

本品具有提神解郁、治感冒头痛、疏热解毒、消炎止痒、防腐去腥的功效。

>> **【贮藏】**

宜贮于清洁、干燥、灭菌的玻璃瓶中，密闭，在避光下保存。

>> **【生产工艺流程图】**

薄荷水的生产工艺流程见图 1-6。

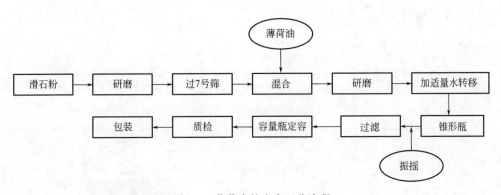

图 1-6　薄荷水的生产工艺流程

>> **【制备方法】**

取薄荷油，加滑石粉，置研钵中研匀，移至细口瓶中，加入纯化水，加盖，振摇 10min 后，滤过至澄明，再由滤器上添加适量纯化水，使成 1000ml，即得。另取轻质碳酸镁、活性炭各 7.5g，分别按上述方法制备薄荷水。记录不同分散剂制备薄荷水观察的结果。

》》·【注解】

1.本品为薄荷油的水饱和溶液，其浓度约为0.05%（ml/ml）。处方用量为溶解量的4倍，配置时不能完全溶解，滑石粉起分散作用，应与薄荷油充分研匀以发挥作用，加速溶解。

2.纯化水应是新沸放冷的纯化水。

3.溶解法是制备芳香水剂最常用的方法。将挥发性药物与惰性吸附剂充分混合，加入纯化水振摇一定时间后，反复过滤制得澄明液，再加适量纯化水，通过过滤器使成全量。

4.挥发油被吸附于分散剂上，增加挥发油与水的接触面积，因而更易形成饱和溶液，本实验以滑石粉为分散剂，应与薄荷油充分研匀，以利加速溶解过程。

5.分散剂在过滤中还有澄清剂的作用，因未溶解的挥发油仍然处于被吸附状态而不会通过滤器。

6.本品易氧化变质，色泽加深、产生异臭则不能供药用。

7.本品也可以加入适量的非离子表面活性剂，如聚山梨酯80作增溶剂的方法制备。其制法为取0.5ml薄荷油与2ml聚山梨酯80混匀后，加适量纯化水使成1000ml，摇匀，即得。

8.浓芳香水剂稀释后做芳香水剂用。

9.薄荷油为无色或淡黄色澄明液体，味辛凉，有薄荷香气，极微溶于水，可加适量增溶剂增加薄荷油在水中的溶解度。

》》·【主要物料】

薄荷油、滑石粉、研钵、纯化水等。

》》·【主要生产设备】

配液罐、循环水式多用真空泵、口服液灌装机、口服液扎盖机等。

设备的种类及要点	设备展示
口服液灌装机(图1-7) 原理:通过注射器活塞模式吸收液体、排出液体 结构组成:全部采用优质不锈钢制造,造型新颖美观;结构简单、可靠、故障少;分装液量准确,液量调整方便;缸筒、推杆、活塞采用不锈钢材料,耐腐蚀、耐磨损;速度连续可调,操作方便 适用范围:适用于医院制剂室等用于安瓿瓶、眼药水、各种口服液及各种水剂的定量灌装	 图1-7 口服液灌装机

续表

设备的种类及要点	设备展示
口服液瓶封口机（图 1-8） 原理：本机具有过载保护装置、力矩调节机构等 适用范围：口服液瓶、西林瓶等轧盖	 图 1-8　口服液瓶封口机

>>· 【生产实训记录】

1. 实训结果记录格式表（表 1-2）

表 1-2　薄荷水实验结果表

项目	滑石粉	轻质碳酸镁	活性炭
澄明度			
臭味			
pH 值			
结论			

2. 实训中间品或成品展示

（侧重于实训过程现象的记载及问题的处理）

>>· 【质量要求】

应符合芳香水剂项下有关的各项规定。

1. 外观性状：除另有规定外，芳香水剂应澄明。在贮存期间不得有发霉、酸败、异臭、产生气体或其他变质现象。具有与原有药物相同气味，不得有异臭、沉淀或杂质。

2. 由于挥发性物质在水中溶解度很小（约为 0.05％），故芳香水剂的浓度一般都很低。

3. 一般检查相对密度、pH。

相对密度：按照《中国药典》2015 年版四部（通则 0601 相对密度测定法）测定，应符合规定。

pH：按照《中国药典》2015 年版四部（通则 0631 pH 测定法）测定，应符合规定。

4. 所用的精致滑石粉不宜过细，以免影响成品的澄明度。

5. 微生物限度检查：按照《中国药典》2015 年版四部（通则 1105 非无菌产品微生物限度检查：微生物计数法、通则 1106 非无菌产品微生物限度检查：控制菌检查法和通则 1107 非无菌产品微生物限度标准）检查，应符合规定。

知识链接

薄荷水处方分析讨论

1. 本品系用分散剂溶解法制得

分散剂的作用有：①分散作用，系将薄荷油吸附在滑石粉颗粒周围，使之分散得很细，有利于薄荷油溶解；②助滤作用，滤过时滑石粉在滤器上形成滤床，能吸附剩余量的薄荷油及其他杂质，使溶液易于倾倒。

2. 薄荷油等挥发油在水中溶解度很小，约 0.05％。为使本品能成为薄荷油的饱和或近饱和水溶液，故用 0.2％薄荷油，剩余薄荷油应予以滤除。

3. 用力振摇 10min，有利于分散，加速溶解。

>> 【技能考核标准】

薄荷水的制备操作技能考核标准

姓名：_____ 学号：_____ 得分：_____

序号	考核内容	考核要点	分值	评分标准	得分
1	量器的选择	滴管	5	错误选择扣除此分	
		分别选择 5ml 量筒、100ml 量筒	5	错误选择扣除此分	
2	辅料的量取、称取	滴数确定	5	未数 1ml 滴数扣除此分	
		原料的量取	10	量筒量取扣除此分	
		手持量筒	5	未三指持量筒扣除此分	
		开启瓶塞	5	瓶塞离手扣除此分	
		正确拿取药瓶	5	标签未对掌心扣除此分	
		辅料的量取	5	视线与切线未对齐扣除此分	
		天平的正确使用	5	未按要求操作扣除此分	

续表

序号	考核内容	考核要点	分值	评分标准	得分
3	薄荷水的制备	取薄荷油与聚山梨酯80置烧杯中	10	选取100ml烧杯,错误扣除5分	
		混合均匀	10	未混合操作扣除此分	
		加纯化水至100ml	10	加入100ml纯化水扣除此分	
		混合均匀	10	未混合操作扣除此分	
4	台面整洁	玻璃量器的选择	5	未进行此操作扣除此分	
		台面整洁	2	未进行此操作扣除此分	
5	着装情况	白大衣整洁,符合个人卫生要求	3	未穿白大衣或个人卫生较差者扣除此分	
	总分		100	得分合计	

否定项:违反操作规程,造成制剂成品出现浑浊、沉淀等质量不合格现象,制剂制备失败

任务3 甘油醑的制备

>> **【处方】**

甘油	100g	乙醇	适量
共制	1000ml		

>> **【处方分析】**

甘油为主药,乙醇为溶剂。

>> **【临床适应证】**

甘油具有黏稠性、防腐性和稀释性,对皮肤黏膜有柔润和保护作用,附着于皮肤黏膜能使药物滞留患处而起延长药效的作用,并具有一定的防腐作用。常用于口腔、鼻腔、耳腔与咽喉患处。甘油对一些药物如碘、酚、硼酸、鞣酸等具有较好的溶解能力,制成的溶液也较稳定。

>> **【贮藏】**

宜贮于清洁、干燥、灭菌的玻璃瓶中,密闭,在避光下保存。

>> **【实验材料】**

甘油、乙醇。

【仪器与设备】

烧杯、量筒、玻璃棒、漏斗、容量瓶、滤纸等。

【生产工艺流程图】

药物称量→溶解 →滤过→混合→调整容量→质量检查→包装

【制备方法】

取甘油加乙醇约 800ml 溶解后滤过，再自滤器上添加乙醇使成 1000ml，即得。

【注解】

1.醑剂系指挥发性药物的浓乙醇溶液，本品含醇量应为 60％～90％。

2.本品遇水易析出结晶，所用器材及包装材料均应干燥。

3.乙醇具有挥发性，应选择小口容器，尽快操作，包装应封闭，并至冷处贮存，以防挥发损失。20％以上的乙醇具有防腐作用和一定的药理作用，同时具有易燃烧的特点，制备时，需要注意安全。

4.当醑剂与水混合时，往往会发生浑浊。

5.醑剂应贮藏于封密容器中，置暗处保存。由于醑剂中的挥发油易氧化、酯化或聚合，长久贮存容易变色，甚至出现黏性树脂物沉淀，故不宜长期贮存。

6.本实验采用的是溶解法，醑剂还可以采用蒸馏法，即将挥发性药物溶于乙醇后再进行蒸馏，或将经化学反应制得的挥发性药物加以蒸馏而得到的，如芳香氨醑。

7.药液需要反复滤过，直至可见异物检查合格为止。

8.成品应进行质量检查，包括外观、性状、配制量、可见异物检查等项目。

【生产实训记录】

1.实训结果记录格式表（表 1-3）

表 1-3 甘油醑的实验结果记录表

项目	外观	相对密度	pH 值	含醇量	结论
结果					

2.实训中间品或成品展示

（侧重于实训过程现象的记载及问题的处理）

》》·【质量检查】

应符合醋剂项下的各项规定。

1.外观性状：除另有规定外，醋剂应澄清。在储存期间不得有发霉、酸败、异臭、产生气体或其他变质现象。

2.含量：醋剂中挥发性成分浓度可比芳香水剂大得多，一般在5%～10%，醋剂含乙醇量一般为60%～90%。

3.一般检查相对密度、pH。

相对密度：按照《中国药典》2015年版四部（通则0601相对密度测定法）测定，应符合规定。

pH：按照《中国药典》2015年版四部（通则0631 pH测定法）测定，应符合规定。

4.微生物限度检查：按照《中国药典》2015年版四部（通则1105非无菌产品微生物限度检查：微生物计数法、通则1106非无菌产品微生物限度检查：控制菌检查法和通则1107非无菌产品微生物限度标准）检查，应符合规定。

》》·【常见设备的标准操作规程】

1.口服液灌装机标准操作规程

YG-10B 口服液灌装机 SOP

一、料斗的调节

1.将进料斗上的拦瓶板A向上调节，使适应进瓶行程缩短；向下调节，使适应进瓶行程延长。

2.左右调节定位瓶位，使活动齿运转时对正瓶位，使瓶平稳的送入定位齿。

3.调节拦瓶板B使进瓶口宽度在22毫米左右。

二、灌注组件调节

1.调节侧凸轮A顺转或逆转使针头在空瓶刚进入齿形位置就插入瓶口，并在离开齿形位置以前提起针头。

2.灌注时间调节：将凸轮B顺转或逆转可调节针头进入瓶口后立即开始灌液，在针头离开瓶口之前停止灌液。

3.液量的调节：松开螺母1将顶杆向D方向调节，液量加大，向C方向调节液量减少，同时调节螺母2向F方向调节减少液量，向E方向调节增加液量，调节时注意灌药器的极限位置，以免损坏灌药器，一般灌药器内底部到药液不少于15毫米为宜，灌注时间越长越好。

三、自动停止灌液装置的工作原理及调节

当移动齿板将瓶搬到灌药液挡齿位置时，凸轮 7 之凸面与摆动板 6 离开，摆动板 6 被拉簧 4 拉着，做顺时针方向摆动，摆动板 6 则带动压瓶栓 2 向下移，直至接触到瓶 3 为止，此时应调节钢丝轧头 5、摆动板 6 接触并调节好调节螺钉 8 使顶杆栓 1 伸出 4 毫米左右，这挡位置出现空瓶，压瓶栓 2 及摇板 6 由于拉簧 4 作用继续下移，至使钢丝轧头 5 拉动钢丝使顶杆拴 1 脱离顶杆 9，故不能带动灌药器工作，自动停止灌注药液。

四、出料注意事项

出料时已加盖封口，为使灌锁后的瓶不至倒翻，务必在首瓶出料之前在出料斗上，事先放上若干空瓶以保证灌锁后的瓶平稳地输送到出料斗上，并用盛瓶斗送到下工序。

五、锁口装置的调节

1.压盖时间调节：调正凸轮 3 旋转角度当灌注药液瓶进入锁口齿位时，锁口轴已动作并在移动齿靠近瓶之前离开瓶盖。

2.压盖压力的调节：压盖压力的大小直接关系到锁口的质量，压力过大易使易拉瓶破碎，压力过小会影响密封性能，因此应根据易拉瓶实际平均高度调整螺母 6，使压力调到最佳为止。

3.刀片动作时间调节：刀片 2 应在压盖终止之前靠近瓶颈，否则某些短瓶子达不到锁紧效果，调节时松开螺母 4，调节轴 5 上下能调节刀片 2 动作时间。注意调节弹簧 7 的弹力应大于弹簧 8 的弹力，以保持瓶颈一致。

4.调节锁口时注意：各部件调节后必须注意各螺母锁紧，初阀试时用易拉瓶，必须取其平均高度，不规则的易拉瓶不能进入锁口，以免损坏零件。

5.振动器的调节

（1）本振动器出厂时为单独包装，安装时必须将下轨道口对准易拉瓶运动轨道。

（2）磁铁间隙的调节：松开螺钉 1，打开外罩，调节螺母 2，使磁铁间隙为 0.6～0.8，并使振动声音最低瓶盖线速度最快为宜。

2.口服液瓶封口机标准操作规程

台式口服液瓶封口机 SOP

1.把灌好物料并装上盖子的瓶子放到下托盘上，操作者一手扶住瓶子，另一手将手柄往下拉紧，这时轧盖头向托盘压紧，直到瓶盖与轧盖头压紧。

2.当瓶盖与轧盖头压紧后，不停地旋转轧盖刀头旋转数圈后，将瓶盖轧紧。

3.将手柄归位，轧盖头回归原位，使轧好盖的盖子随着托盘回到原位，整个操作过程完成，以后每轧一个瓶盖时重复以上的操作即可。

3.浓配液罐标准操作规程

浓配液罐 SOP

目的：规范配液罐的操作，保持配液罐洁净，防止污染及交叉污染，保证工艺卫生及药品生产质量，延长设备使用寿命。

适用范围：最终灭菌小容量注射剂车间浓配液罐的操作。

责 任 者：配液罐的操作人员；设备技术人员。

操作规程：

一、操作前准备

1.检查配液罐的清洁情况。

2.检查蒸汽、冷水的供给情况。

3.检查注射用水（纯化水）、氮气供给是否正常

4.开启机器空转1分钟，检查电机是否能正常工作。

5.检查各个阀门是否正常。

二、操作过程

1.开启注射用水阀门，向配液罐内放入一定量的水。

2.关好注射用水阀门，打开投料口阀门，注入物料。

3.打开搅拌器电源开关。

4.加热操作（工艺需要）

（1）打开蒸汽阀，将罐内物料加热2~3分钟后，关小排气阀。

（2）温度达到设定值时，应关闭蒸汽阀。

5.降温操作（工艺需要）

（1）打开冷水阀向夹层内供应冷却水，降低罐内物料温度。

（2）温度达到设定值时，应关闭冷水阀。

6.无需搅拌操作时，可关闭搅拌器。

7.配制结束

（1）打开出料阀及输料泵，将罐内物料打入稀配间药液稀配罐内。

（2）按《配液罐清洁规程》进行清洁。

（3）检查各个管道阀门的关闭情况。

4.循环水式多用真空泵标准操作规范

循环水式多用真空泵SOP

目的：规范液体过滤操作。

适用范围：液体制剂的真空过滤。

责任者：

1.车间主任、质管员，负责操作过程的监督和检查；

2.本工序负责人，负责指导操作者正确实施本规程；

3.操作工，有按本规程正确操作的责任。

操作规程：

1.在使用真空泵前，应仔细阅读产品使用说明书，开箱后应检查装运质量。

2.首次使用时，应先打开箱体的盖子，查看箱内的水是否足够，如水不够，应倒入清凉的凉水，当水面即将升至水箱后面的溢水嘴下高度时停止加水，可重复开机使用，不再加水，但最长时间不可超过一星期，避免水质污染。

3.抽真空作业：将需要抽真空设备的抽气胶管接到抽气嘴上，检查连接是否牢固，查看真空泵背面的循环水开关是否关闭，将开关置于关闭位置，接通电源，打开开关即可进行抽真空作业。

4.真空泵在使用中应注意观察真空表盘，如有不正常，则应立即停止使用。

5.注意当本机长时间工作时，水箱内的水温会升高，从而影响真空度，此时可将放水软管与水源（自来水）接通，溢水嘴可做排水口。

6.当需要为反应装置提供循环水时，将进水管、出水管分别接到循环式真空泵的出水、进水嘴上，转动循环水开关至ON位置上，即可实现循环水供应。

注意当仪器使用完毕，应关闭电源，并将仪器清扫干净。

（汪玉玲）

项目二　高分子溶液的制备

➤➤·【实训目标】

一、知识目标

1.掌握高分子溶液剂的制备方法；

2.熟悉高分子溶液剂的质量检查；

3.了解高分子溶液剂的形成原理及临床用途。

二、能力目标

学会正确选用称量器具进行称量操作；能正确选用和使用表面活性剂、溶剂和附加剂；掌握高分子溶液与溶胶剂的性质及制备方法；熟悉胶体型液体制剂的质量评价方法。

任务 4 胃蛋白酶合剂的制备

>>· 【处方】

胃蛋白酶	20g	稀盐酸	20ml
单糖浆	100ml	橙皮酊	20ml
羟苯乙酯醇溶液（5%）	10ml	纯化水	加至 1000ml

>>· 【处方分析】

胃蛋白酶为主药，稀盐酸为 pH 值调节剂，单糖浆为矫味剂，橙皮酊为矫味剂，羟苯乙酯溶液为防腐剂，纯化水为溶剂。

>>· 【临床适应证】

本品为助消化药，消化蛋白质。用于缺乏胃蛋白酶或病后消化功能减退引起的消化不良。

>>· 【生产工艺流程图】

胃蛋白酶合剂的生产工艺流程见图 2-1。

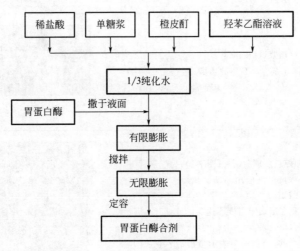

图 2-1 胃蛋白酶合剂的生产工艺流程

>>· 【制备方法】

取约 1/3 纯化水加稀盐酸、单糖浆，搅匀；再将橙皮酊与羟苯乙酯醇溶液缓缓加入，边加边搅拌，然后将胃蛋白酶撒布在液面上，待其自然膨胀溶解后，再加纯化水使成 1000ml，轻轻混匀，分装，即得。

▶▶· 【注解】

1.本品中的胃蛋白酶消化力为 1∶3000，pH 值在 1.5～2.5 时活性最大，故处方中加稀盐酸调节 pH 值。但胃蛋白酶不得与稀盐酸直接混合，须加纯化水稀释后配制，因盐酸含量超过 5％时，胃蛋白酶活性降低。

2.本品不宜用热水配制（或加热），不宜剧烈搅拌，以免影响活力，宜新鲜配制。

3.本品亦可加适量甘油（10％～20％）代替单糖浆，以增加胃蛋白酶的稳定性，可加酊剂矫味，合剂的含醇量不应超过 10％。

4.本品不宜过滤，若必须过滤时，滤材需先用相同浓度的稀盐酸润湿，以饱和滤材表面电荷，消除对胃蛋白酶活力的影响，然后过滤。

▶▶· 【主要物料】

胃蛋白酶、单糖浆、稀盐酸、橙皮酊、羟苯乙酯等。

▶▶· 【主要生产设备】

烧杯、天平、称量纸、玻璃棒、容量瓶、纸张等。

设备的种类及要点	设备展示
原辅料：胃蛋白酶、单糖浆、橙皮酊等 羟苯乙酯醇溶液：含 5％羟苯乙酯的乙醇溶液，需另配（图 2-2）	图 2-2　原辅料
容量瓶：分为无色和棕色玻璃瓶两种（图 2-3），为配制准确的一定物质的量浓度的溶液用的精密仪器。它是一种带有磨口玻璃塞的细长颈、梨形的平底玻璃瓶，颈上有刻度。当瓶内体积在所指定温度下达到标线处时，其体积即为所标明的容积数，这种一般是"量入"的容量瓶。但也有刻两条标线的，上面一条表示量出的容积。常和移液管配合使用。容量瓶有多种规格，小的有 5ml、25ml、50ml、100ml，大的有 250ml、500ml、1000ml、2000ml。它主要用于直接法配制标准溶液和准确稀释溶液以及制备样品溶液。容量瓶也叫量瓶	图 2-3　容量瓶

>> ·【生产实训记录】

1. 实训结果记录格式表（表 2-1）

表 2-1　胃蛋白酶合剂的实验结果记录表

品名	色泽	pH 值	胃蛋白活力
胃蛋白酶合剂			

2. 实训中间品或成品展示

（侧重于实训过程现象的记载及问题的处理）

>> ·【质量检查】

1. 外观：胃蛋白酶合剂为微黄色胶体溶液。甲酚皂溶液为微黄色的溶液。羧甲基纤维素钠胶浆为无色黏稠性液体。

2. pH 测定：用精密 pH 试纸测定各溶液的 pH 值，记录结果。

3. 胃蛋白酶效价测定：参照《中国药典》2015 年版二部胃蛋白酶品种项下规定的方法。

① 对照品溶液的制备：精密称取酪氨酸对照品适量，加盐酸溶液（取 1mol/L 盐酸溶液 65ml，加水至 1000ml）溶解并定量稀释制成每 1ml 中含 0.5mg 的溶液。

② 供试品溶液的制备：取本品适量，精密称定，加上述盐酸溶液溶解并定量稀释制成每 1ml 中含 0.2～0.4 单位的溶液。

③ 测定法：取试管 6 支，其中 3 支各精密加入对照品溶液 1ml，另 3 支各精密加入供试品溶液 1ml，置 37℃±0.5℃水浴中，保温 5 分钟，精密加入预热至 37℃±0.5℃的血红蛋白试液 5ml，摇匀，并准确计时，在 37℃±0.5℃水浴中反应 10 分钟，立即精密加入 5％三氯醋酸溶液 5ml，摇匀，滤过，取续滤液备用。另取试管 2 支，各精密加入血红蛋白试液 5ml，置 37℃±0.5℃ 水浴中保 10 分钟，再精密加入 5％三氯醋酸溶液 5ml，其中 1 支加供试品溶液 1ml，另 1 支加上述盐酸溶液 1ml，摇匀，滤过，取续滤液，分别作为供试品和对照品的空白对照，照紫外-可见分光光度法（通则 0401），在 275nm 的波长处测定吸光度，算出平均值 $\overline{A_s}$ 和 $\overline{A}$，按下式计算。

$$\text{每 1 克含胃蛋白酶的量（单位）} = \frac{\overline{A} \times W_s \times n}{A_s \times W \times 10 \times 181.19}$$

式中，　$\overline{A_s}$ 为对照品的平均吸光度；

　　　　$\overline{A}$ 为供试品的平均吸光度；

W_s 为每 1ml 对照品溶液中含酪氨酸的量；

W 为供试品取样量，g；

n 为供试品稀释倍数。

在上述条件下，每分钟能催化水解血红蛋白生成 $1\mu mol$ 酪氨酸的酶量，为一个蛋白酶活力的单位。

>>· 【实训技能考核】

1.实训测试简答

（1）为什么胃蛋白酶要撒在水面上，令其自然膨胀？

（2）胃蛋白酶的活性与哪些因素有关？

2.技能考核标准

胃蛋白酶合剂的制备操作技能考核标准

姓名：_____   学号：_____   得分：_____

序号	考核内容	考核要点	配分	评分标准	得分
1	操作前（30%）	(1)工作服穿戴是否整齐	5	有一项不符合要求将此项分值扣除	
		(2)个人卫生(洗手等)是否符合	5		
		(3)对制剂所需仪器、器具的选用是否正确	10	有一项不符合要求将此项分值扣除	
		(4)有否进行必要的清洗,是否符合制剂卫生要求	5		
		(5)对所取的药物是否正确	5		
2	操作时（45%）	(6)天平使用:零点调整、砝码使用、称量操作、读数等	15	使用仪器不符合操作规程,方法不正确扣8分　操作仪器动作不准确、不熟练扣2分,扣完为止,不倒扣分	
		(7)量具使用:取液操作、数值读取;pH 值调节;pH 计的使用	15	使用仪器不符合操作规程,方法不正确扣6分　操作仪器动作不准确、不熟练扣2分,扣完为止,不倒扣分	
		(8)胃蛋白酶的有限溶胀和无限溶胀	15	未将胃蛋白酶分次撒布在液面上,此项不得分	
3	操作后（25%）	(9)对所制备的制剂是否进行适当的包装,标签书写是否正确	15	有一项不符合要求将此项分值扣除	
		(10)是否做好操作后的清场工作	10	有一项不符合要求将此项分值扣除	
		总分	100		
否定项:违反操作规程,造成制剂成品出现浑浊、沉淀等质量不合格现象,制剂制备失败					

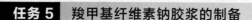

任务 5　羧甲基纤维素钠胶浆的制备

>> **【处方】**

羧甲基纤维素纳	25g	甘油	300ml
5%羟苯乙酯醇溶液	20ml	香精	适量
纯化水	加至 1000ml		

>> **【处方分析】**

羧甲基纤维素钠为主药，甘油为保湿剂、增稠剂和润滑剂，羟苯乙醇为防腐剂，香精为矫味剂，纯化水为溶剂。

>> **【临床适应证】**

本品为润滑剂。在腔道、器械检查或查肛时起润滑作用。

>> **【生产工艺流程图】**

羧甲基纤维素钠胶浆的生产工艺流程见图 2-4。

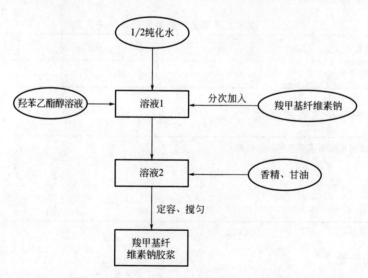

图 2-4　羧甲基纤维素钠胶浆的生产工艺流程

>> **【制备方法】**

取羧甲基纤维素钠分次加入 500ml 热纯化水中，轻加搅拌使其溶解，然后加入甘油、5%羟苯乙酯醇溶液、香精，最后添加纯化水至 1000ml，搅匀，即得。

>>· 【注解】

1.羧甲基纤维素钠为白色纤维状粉末或颗粒，无臭，在冷、热水中均能溶解，但在冷水中溶解缓慢，不溶于一般有机溶剂。

2.羧甲基纤维素钠遇阳离子型药物及碱土金属、重金属盐能发生沉淀，故不能采用季铵类和汞类防腐剂。

3.羧甲基纤维素钠在 pH 值 5～7 时黏度最高，当 pH 值低于 5 或高于 10 时黏度迅速下降，一般调节 pH 值至 6～8 为宜。

>>· 【主要物料】

羧甲基纤维素钠、无水乙醇、羟苯乙酯、甘油、香精、纯化水等。

>>· 【主要生产设备】

研钵、烧杯、容量瓶等。

>>· 【生产实训记录】

1.实训结果记录格式表（表 2-2）

表 2-2　羧甲基纤维素钠胶浆实验结果记录表

品名	色泽	pH 值	黏度
羧甲基纤维素钠胶浆			

2.实训中间品或成品展示

（侧重于实训过程现象的记载及问题的处理）

>>· 【质量检查】

成品的外观、性状。

>>· 【实训技能考核】

1.实训测试简答

（1）制备羧甲基纤维素钠胶浆时应注意哪些问题？

（2）羧甲基纤维素钠胶浆处方中各成分的作用是什么？

2.技能考核标准

姓名:＿＿＿＿＿＿ 学号:＿＿＿＿＿ 得分:＿＿＿＿＿

序号	考核内容	考核要点	配分	评分标准	得分
1	操作前	(1)工作服穿戴是否整齐	5	有一项不符合要求将此项分值扣除	
		(2)个人卫生(洗手等)是否符合要求	5		
		(3)对制剂所需仪器、器具的选用是否正确	10	有一项不符合要求将此项分值扣除	
		(4)有否进行必要的清洗,是否符合制剂卫生要求	5		
		(5)对所取的药物是否正确	5		
2	操作时	(6)天平使用:零点调整、砝码使用、称量操作、读数等	15	使用仪器不符合操作规程,方法不正确扣8分 操作仪器动作不准确、不熟练扣2分,扣完为止,不倒扣分	
		(7)量具使用:取液操作、数值读取;pH值调节;pH计的使用	15	使用仪器不符合操作规程,方法不正确扣6分 操作仪器动作不准确、不熟练扣2分,扣完为止,不倒扣分	
		(8)羧甲基纤维素钠的有限溶胀和无限溶胀	15	未将羧甲基纤维素钠分次撒布在液面上,此项不得分	
3	操作后	(9)对所制备的制剂有否进行适当的包装,标签书写是否正确	15	有一项不符合要求将此项分值扣除	
		(10)是否做好操作后的清场工作	10	有一项不符合要求将此项分值扣除	
	总分		100		
否定项:违反操作规程,造成制剂成品出现浑浊、沉淀等质量不合格现象,制剂制备失败					

(刘龙云)

项目三 混悬剂的制备

▶▶ 【实训目标】

一、知识目标

1.掌握混悬剂的制备工艺方法;

2.熟悉混悬剂的质量检查;

3.了解混悬剂的物理稳定性及临床用途。

二、能力目标

学会正确选用称量器具进行称量操作;熟悉稳定剂的作用及选择;熟悉混悬剂

的质量评价方法。

>>· 【处方】

布洛芬	20g	枸橼酸	适量
羧甲基纤维素（CMC）	5g	蔗糖	400g
聚山梨酯80	1ml	甘油	50ml
尼泊金	适量	纯化水	加至1000ml

>>· 【处方分析】

布洛芬为主药，甘油为润湿剂，羧甲基纤维素为助悬剂，蔗糖为矫味剂，枸橼酸为pH调节剂，聚山梨酯80为润湿剂，纯化水为溶剂。

>>· 【临床适应证】

本品有轻度收敛止痒作用，局部涂搽常用于急性湿疹、亚急性皮炎。

>>· 【生产工艺流程】

布洛芬混悬剂的生产工艺流程见图3-1。

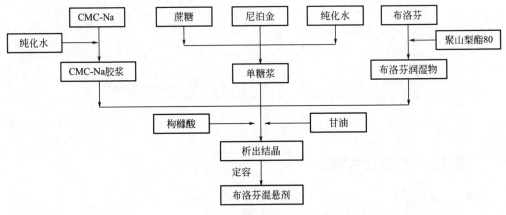

图3-1 布洛芬混悬剂的生产工艺流程

>>· 【制备方法】

将布洛芬、聚山梨酯80、枸橼酸等物质加热溶解于甘油（含少量水），加入羧甲基纤维素，充分搅拌溶解，制成A溶液。A溶液加入85%糖浆溶液（由蔗糖配合水制备），两种溶液充分混匀形成混合液，见布洛芬呈结晶样析出，加水至混合液 1000ml，混匀制成布洛芬混悬液。

》·【主要物料】

布洛芬、聚山梨酯 80、枸橼酸、羧甲基纤维素、甘油、蔗糖等。

》·【主要生产设备】

研钵、具塞量筒、光学显微镜、库尔特颗粒计数器、旋转黏度计、溶液灌装机、100ml 塑料瓶等。

设备的种类及要点	设备展示
研钵(图 3-2):常用为瓷制品,也有玻璃、玛瑙、黄铜。其规格用口径的大小表示(60mm、90mm) 原理:硬质材料(如瓷或黄铜)制成的通常是碗状的小器皿,用杵在其中将物质捣碎或研磨 适用范围:用于研磨固体物质或进行粉末状固体的混合,配有钵杵	 图 3-2　研钵
具塞量筒(图 3-3) 原理:具塞量筒除与量筒造型基本相同外,筒的上口不具倾出嘴,而制成收缩形的瓶口,并具有磨砂玻璃塞 适用范围:具塞量筒主要用于易挥发液体的计量,或作溶液的稀释配制之用	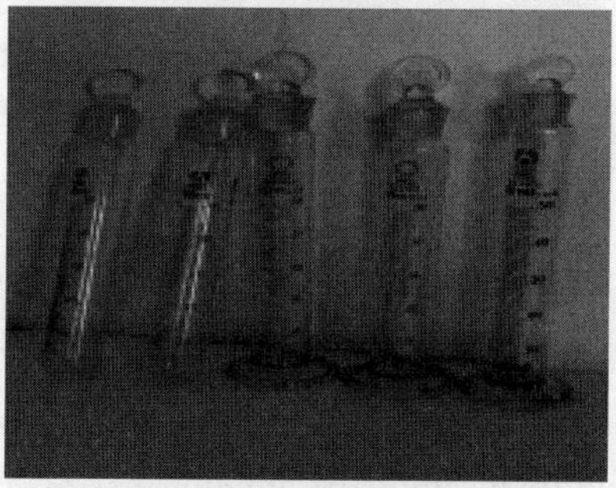 图 3-3　具塞量筒
旋转黏度计(图 3-4) 原理:利用其独特的转子与流体之间产生的剪切力和阻力之间的关系而得出的全新的黏度值 适用范围:测量液体的黏性阻力与液体动力黏度	 图 3-4　旋转黏度计

续表

设备的种类及要点	设备展示
光学显微镜(图 3-5) 原理:显微镜是利用凸透镜的放大成像原理,将人眼不能分辨的微小物体放大到人眼能分辨的尺寸,其主要是增大近处微小物体对眼睛的张角(视角大的物体在视网膜上成像大),用角放大率 M 表示它们的放大本领 适用范围:普通光学显微镜的分辨力极限约为 $0.2\mu m$,可用于观察细胞、细菌以及大结构的金属组织	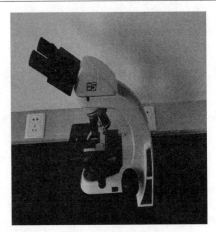 图 3-5　光学显微镜

》·【相关主要仪器设备结构及操作视频】

1. 研钵的使用视频

https：//www. icve. com. cn/portal _ new/sourcematerial/edit _ seematerial. html? docid=zibfanwmc5pn9zy3z4eq4a

2. 旋转黏度计的操作视频

https：//www. icve. com. cn/portal _ new/sourcematerial/edit _ seematerial. html? docid=veqhakwp1bth9vx47xbguw

3. 光学显微镜的结构与使用视频

https：//www. icve. com. cn/portal _ new/sourcematerial/edit _ seematerial. html? docid=62qeatqptrtp0fapbitjow

》·【生产实训记录】

1. 实训结果记录格式表（表 3-1）

表 3-1　布洛芬混悬液 2h 内的沉降体积比 （H/H_0）

时间	5min	15min	30min	1h	2h
H_0					
H					
H/H_0					

2. 实训中间品或成品展示

（侧重于实训过程现象的记载及问题的处理）

>> ·【质量检查】

应符合混悬剂项下有关的各项规定。

1. 本品为乳白色或着色的混悬液体。

2. pH 值应为 2.0～6.5。

3. 相对密度：本品的相对密度应为 1.090～1.270。

4. 其他：应符合口服混悬剂项下有关的各项规定（《中国药典》2015 年版四部通则 0123）。具体如下。

（1）口服混悬剂应分散均匀，放置后若有沉淀物，经振摇应易再分散。

（2）口服混悬剂在标签上应注明"用前摇匀"；以滴计量的滴剂在标签上要标明每毫升或每克液体制剂相当的滴数。

（3）装量检查法：取供试品 10 袋（支），将内容物分别倒入经标化的量入式量筒内，检视，每支装量与标示装量相比较，均不得少于其标示量。凡规定检查含量均匀者，一般不再进行装量检查。

（4）装量差异检查法：取供试品 20 袋（支），分别精密称定内容物，计算平均装量，每袋（支）装量与平均装量相比较，装量差异限度应在平均装量的 ±10% 以内，超出装量差异限度的不得多于 2 袋（支），并不得有 1 袋（支）超出限度 1 倍。凡规定检查含量均匀者，一般不再进行装量差异检查。

（5）干燥失重：减失重量不得过 2.0%。

（6）沉降体积比：沉降体积比应不低于 0.90。

具体方法：除另有规定外，用具塞量筒量取供试品 50ml，密塞，用力振摇 1 分钟，记下混悬物的开始高度 H_0，静置 3 小时，记下混悬物的最终高度 H，按下式计算：沉降体积比＝H/H_0。干混悬剂按各品种项下规定的比例加水振摇，应均匀分散，并照上法检查沉降体积比，应符合规定。

5. 微生物限度：除另有规定外，按照非无菌产品微生物限度检查：微生物计数法（通则 1105）和控制菌检查法（通则 1106）及非无菌药品微生物限度标准（通则 1107）检查，应符合规定。

任务 7　炉甘石洗剂的制备

>> 【处方】

炉甘石（7 号筛粉）	90g	氧化锌（7 号筛粉）	45g
甘油	45g	羧甲基纤维素钠（CMC-Na）	4.5g
纯化水	加至 1000ml		

>> 【处方分析】

炉甘石为主药，氧化锌为主药，并起收敛作用，甘油为保湿剂，羧甲基纤维素钠为助悬剂，纯化水为溶剂。

>> 【临床适应证】

本品有轻度收敛止痒作用，局部涂搽常用于急性湿疹、亚急性皮炎。

>> 【生产工艺流程图】

炉甘石洗剂的生产工艺流程见图 3-6。

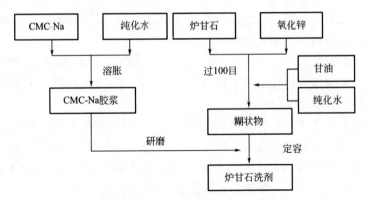

图 3-6　炉甘石洗剂的生产工艺流程

>> 【制备方法】

采用加液研磨法，具体方法如下。

1.制备稳定剂：称取羧甲基纤维素钠 4.5g，加约 200ml 纯化水，加热溶解使成胶浆。

2.制备混悬剂：称取过 100 目筛的炉甘石、氧化锌于研钵中，加甘油及适量纯化水研磨至糊状后，再加入处方中其他成分，转入到具塞量筒中，最后加纯化水至全量，搅匀即得。

>>· 【主要物料】

炉甘石、氧化锌、甘油、羧甲基纤维素钠（CMC-Na）等。

>>· 【主要生产设备】

研钵、具塞量筒、光学显微镜、库尔特颗粒计数器、旋转黏度计、溶液灌装机、100ml 塑料瓶等。

>>· 【生产实训记录】

1. 实训结果记录格式表（表 3-2、表 3-3）

表 3-2　炉甘石洗剂 2h 内的沉降体积比（H/H_0）

时间	5min	15min	30min	1h	2h
H_0					
H					
H/H_0					

表 3-3　炉甘石洗剂再分散性测定数据

比较项目	12h	24h	48h	72h	一周
翻转次数					
再分散性					

2. 实训中间品或成品展示

（侧重于实训过程现象的记载及问题的处理）

>>· 【质量检查】

1. 沉降体积比的测定

将炉甘石洗剂倒入有刻度的具塞试管中，密塞，用力振摇 1min，记录混悬液的开始高度 H_0，放置并按表 3-2 所规定的时间测定沉降物的高度 H，计算各个放置时间的沉降体积比（沉降体积比 H/H_0），记录于相应表 3-2 中。沉降体积比在 0～1 之间，其数值越大，混悬剂越稳定。

2. 再分散性试验

将上述分别装有炉甘石洗剂的具塞试管放置（48h 或 1 周，也可依条件而定），使其沉降，然后将试管倒置翻转（一反一正为一次），并将试管底部沉降物重新分散所需翻转次数记录于 3-3 中，所需翻转的次数越少，表明再分散性越好。若始终未能分散，记录为"结块"。

≫·【实训技能考核】

1. 实训测试简表

实训技能理论知识点测试表

序号	测试题目	测试答案（在正确的括号里打"√"）
1	混悬剂的物理稳定性与哪些因素有关？	①混悬粒子的沉降速度（　） ②混悬剂中药物的降解（　） ③絮凝与反絮凝（　） ④微粒的荷电与水化（　） ⑤结晶增长与转型（　）
2	混悬剂质量评价不包括的项目是？	①溶解度的测定（　） ②微粒大小的测定（　） ③沉降容积比的测定（　） ④絮凝度的测定（　） ⑤重新分散试验（　）
3	关于药物是否适合制成混悬剂的说法错误的是？	①为了使剧毒药物的分剂量更加准确,可考虑制成混悬剂（　） ②难溶性药物需制成液体制剂时,可考虑制成混悬剂（　） ③药物的剂量超过溶解度,而不能以溶液的形式应用时,可考虑制成混悬剂（　） ④两种溶液混合,药物的溶解度降低而析出固体药物时,可考虑制成混悬剂（　） ⑤为了使药物产生缓释作用,可考虑制成混悬剂（　）
4	混悬剂中药物粒子的大小一般为	①<0.1nm（　） ②<1nm（　） ③<10nm（　） ④<100nm（　） ⑤500～1000nm（　）

2. 实训技能考核标准

学生姓名：＿＿＿＿＿＿＿＿　　　　班级：＿＿＿＿＿＿＿＿　　　　　　总评分＿＿＿＿＿＿＿＿

序号	考核内容	考核要点	分值	评分标准	得分
1	称器的选择	选择扭力天平	5	错误选择扣除此分	
	量器的选择	选择 5ml 量筒	5	错误选择扣除此分	
2	原辅料的称量与量取	天平调零	5	未调零称量扣除此分	
		正确取放砝码	5	砝码位置错误扣除此分	
		调停点	5	未调停点扣除此分	
		天平还原	5	天平未还原扣除此分	
		手持量筒	5	未三指持量筒扣除此分	
		辅料的量取	5	视线与切线未对齐扣除此分	

续表

序号	考核内容	考核要点	分值	评分标准	得分
3	炉甘石洗剂的制备	取炉甘石、氧化锌研细	5	操作错误扣除此分	
		过7号筛	5	操作错误扣除此分	
		加甘油及适量纯化水研磨成糊状	10	操作错误扣除此分	
		另取羧甲基纤维素钠加入纯化水加热使之溶解	5	未溶解扣除此分	
		分次加入上述糊状液中	10	一次加入扣除此分	
		随加随研磨	5	操作错误扣除此分	
		再加入纯化水至100ml	5	加入纯化水100ml扣除此分	
		搅拌均匀	5	未搅匀扣除此分	
4	台面整理	玻璃量器的洗涤	5	未进行此操作扣除此分	
		台面整洁	2	未进行此操作扣除此分	
5	着装情况	白大衣整洁,符合个人卫生要求	3	未穿白大衣或个人卫生较差者扣除此分	
		总分	100	得分合计	

注:技能考核时原辅料按处方量等比例调整。

（戴若萌）

项目四　乳剂

>> **【实训目标】**

一、知识目标

1.掌握乳剂的制备工艺方法;

2.熟悉乳剂的质量检查;

3.了解乳剂类型的鉴别及临床用途。

二、能力目标

学会正确选用称量器具进行称量操作;掌握乳剂的一般制备方法、乳剂类型的鉴别及常用乳匀机的操作;掌握混合乳化剂的使用及亲水疏水平衡值（HLB值）的计算,溶液的浓度换算和液体制剂的浓度表示法。

任务 8　液体石蜡乳的制备

》·【处方】

液状石蜡	6ml	阿拉伯胶（细粉）	见表 4-1
西黄蓍胶（细粉）	见表 4-1	5％尼泊金乙酯醇溶液	0.1ml
聚山梨酯 80	见表 4-1	油酸山梨坦	见表 4-1
1％糖精钠溶液	3ml	香精	适量
纯化水	适量	共制成	30ml

表 4-1　液体石蜡乳处方

处方	1	2	3	4	5
液状石蜡/g	6	6	6	6	6
阿拉伯胶粉/g	—	—	—	—	2.0
西黄蓍胶粉/g	0.13	0.13	0.13	0.13	0.13
聚山梨酯 80/g	1.9	1.6	1.3	1.1	
油酸山梨坦/g	0.1	0.4	0.7	0.9	
混合 HLB 值	14.5	13.0	11.2	10.2	8.0

》·【处方分析】

液状石蜡为油相，阿拉伯胶和西黄蓍胶、聚山梨酯 80 和油酸山梨坦均为乳化剂，尼泊金乙酯醇溶液为防腐剂，糖精钠为甜味剂，香精为芳香矫味剂，纯化水为水相。

》·【临床适应证】

本品为轻泻剂。用于治疗便秘，尤其适用于高血压、动脉瘤、痔、疝气以及术后便秘的患者，可以减轻排便的痛苦。

》·【贮藏】

宜贮于清洁、干燥、灭菌的容器中，密闭保存。

》·【实验材料】

液状石蜡、阿拉伯胶、西黄蓍胶、聚山梨酯 80、油酸山梨坦、5％尼泊金乙酯醇溶液、1％糖精钠溶液、香精、纯化水、苏丹红、亚甲蓝等。

》·【仪器与设备】

天平、乳钵、烧杯、量筒、玻璃棒、带盖玻璃瓶、盖玻片、试管、显微镜等。

>> · **【生产工艺流程图】**

液体石蜡乳的生产工艺流程见图 4-1。

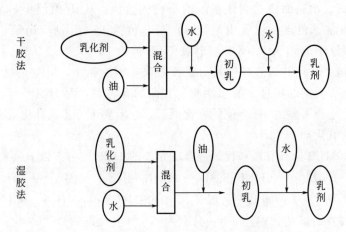

图 4-1　液体石蜡乳的生产工艺流程

>> · **【制备方法】**

1.干胶法：取阿拉伯胶粉和西黄蓍胶粉、聚山梨酯 80、油酸山梨坦置于干燥乳钵中，加入液状石蜡，稍加研磨，使胶粉分散后，加纯化水 8ml，不断研磨至发出噼啪声，形成浓厚的乳状液，即成初乳。再加入纯化水 5ml 研磨后，加入尼泊金乙酯醇溶液、糖精钠溶液和香精，研匀，共制成 30ml 乳剂，即得。

2.湿胶法：取纯化水 8ml，加阿拉伯胶粉和西黄蓍胶粉、聚山梨酯 80、油酸山梨坦配成胶浆。将胶液移入乳钵中，再分次加入 6ml 液状石蜡，边加边研磨至初乳形成，再加入适量纯化水及尼泊金乙酯醇溶液、糖精钠溶液和香精，研匀，共制成 30ml，即得。

>> · **【注解】**

1.干胶法简称干法，又叫作油中乳化剂法，适用于乳化剂为细粉者；湿胶法简称湿法，又叫作水中乳化剂法，所用的乳化剂可以不是细粉，凡预先能制成胶浆（胶∶水为 1∶2）即可。

2.制备初乳时，干法应选用干燥乳钵量取油相的量器不得沾水，量取水相的量器也不得沾油。油相与胶粉（乳化剂）充分研匀后，按液状石蜡∶胶∶水为 3∶2∶1 比例一次加水，迅速沿同一方向研磨，直至稠厚的乳白色初乳形成为止，其间不得改变方向研磨，也不宜间断研磨，研磨期间可听到噼啪声。

3.制备液状石蜡初乳时所用的油∶水∶胶约为 4∶2∶1，在制备初乳时，添加的水量不足或加水过慢，易形成 W/O 型初乳，此时再研磨稀释也难以转成 O/W

型，形成后也极易破裂。若在初乳中添加水量过多，因外相水液的黏度较低，不能把油很好的分散成油滴，制成的乳剂也不稳定和容易破裂。故在操作上应严格遵守用干胶法制备初乳的各项要求，所需加入的水应一次加入。

4.HLB 值表示表面活性剂亲水亲油平衡的数值，HLB 值越小，亲油性越强；HLB 值越大则亲水性越强（聚山梨酯 80 HLB 值为 15.0，油酸山梨坦 HLB 值为4.3，阿拉伯胶 HLB 值为 8.0，西黄蓍胶 HLB 值为 13.0）。

5.HLB 值在乳化剂的选择中具有重要意义，但应指出，乳剂的稳定性与乳化剂的分子结构、乳剂的用量、液相性质三方面均有关系，而 HLB 值只考虑前两个因素，因此，选择适宜的 HLB 值的乳化剂后，尚需要进一步做乳化实验加以调整，以确定适宜的乳化剂。

乳化剂的 HLB 值具有加和性，混合乳化剂的 HLB 值可按以下公式计算：
$$HLB_{AB} = (HLB_A \times W_A + HLB_B \times W_B) / (W_A + W_B)$$

式中，HLB_{AB} 为 A 和 B 两种混合乳化剂的 HLB 值，HLB_A 和 HLB_B 分别为A、B 乳化剂的 HLB 值，W_A 和 W_B 分别为 A、B 乳化剂的重量。本实验利用已知HLB 值的天然或合成乳化剂，选用一定方法制备系列乳剂，通过乳剂分散度、乳析速度、容积沉降比等指标形成液状石蜡乳所需的最佳 HLB 值。

6.处方中阿拉伯胶为乳化剂，西黄蓍胶为辅助乳化剂，两者合用乳化能力增强，同时黏性增强。

》》· 【乳剂类型的鉴别及乳剂粒径大小的测定】

1.染色法：将液状石蜡乳涂在载玻片上，用苏丹红溶液（油溶性染料）和亚甲蓝溶液（水溶性染料）各染色一次，在显微镜下观察并判断乳剂所属类型（苏丹红均匀分散者为 W/O 型乳剂，亚甲蓝均匀分散者为 O/W 型乳剂）。将实验结果记录于表 4-2 中。

表 4-2　液状石蜡乳分型

项目	液状石蜡乳	
	内相	外相
苏丹红		
亚甲蓝		

2.稀释法：取试管 2 支，加入液状石蜡乳 1 滴，再加入纯化水约 5ml，振摇、翻转数次，观察混合情况，并判断乳剂所属类型（能与水均匀混合者为 O/W 型，反之则为 W/O 型乳剂）。

液状石蜡乳剂的类型为_____型。

3.测定乳剂的粒径大小：取少许乳剂置于载玻片上，加盖玻片后，在光学显微镜下观察乳滴的性状并测定其粒径，记录最大和最多的乳滴直径。注意分清乳滴和气泡。

【实训结果记录】

1.实训结果记录格式表

将不同制备方法和不同乳化剂制得的乳剂的乳滴直径填于表 4-3 中,并对结果加以分析。

表 4-3　实训结果记录表

实验处方号	
处方 1(阿拉伯胶粉)	
处方 2(聚山梨酯 80)	
处方 3(西黄蓍胶粉)	
处方 4(油酸山梨坦)	

2.液状石蜡乳化所需 HLB 值测定

将沉降容积比填入表 4-4 中,并以 H_u/H_0 对时间作图,求出分层速度,选择最适宜的 HLB 值。

表 4-4　HLB 值测定结果表

项目	1	2	3	4	5
10min					
20min					
30min					
60min					
80min					
100min					

3.实训中间品或成品展示

(侧重于实训过程现象的记载及问题的处理)

4.绘制显微镜下的乳剂形态图

【质量要求】

应符合液状石蜡乳项下有关的各项规定。

1.乳剂的粒径和粒度分布的测定:乳滴粒径大小及其分布是评价乳剂质量的重

要指标。

不同用途的乳剂对粒径大小要求不同，如静脉注射乳剂要求乳滴直径80％小于1μm，乳滴大小均匀，不得有大于5μm的乳滴。

乳剂粒径大小的测定可采用显微镜测定法、库尔特计数器测定法、激光散射光谱（PCS）法及透射电镜（TEM）法。

2.分层现象的观察：乳剂经长时间放置，粒径变大，进而产生油水分层现象。这一过程的快慢是衡量乳剂稳定性的重要指标。

为了在短时间内观察乳剂的分层，可用离心法加速其分层，以4000r/min离心15min，如不分层可认为乳剂质量稳定。此法可用于筛选处方或比较不同乳剂的稳定性。

另外，将乳剂放在半径为10cm的离心管中，以3750r/min速度离心5小时，可相当于放置1年因密度不同产生的分层、絮凝或合并的结果。

3.乳滴合并速度的测定

$$\log N = \log N_0 - \frac{kt}{2.303}$$

其中，N为t时间的乳滴数，N_0为t_0时的乳滴数，k为合并速度常数，t为时间。

测定不同时间t时的乳滴数N，可求出乳滴的合并速度常数k，k值越大，表明乳滴合并速度越快，乳剂越不稳定，故可以用k值的大小来评价乳剂的稳定性。

4.稳定常数的测定：乳剂离心前后光密度变化百分率为稳定常数，用K_e表示。

$$K_e = A_0 - A/A \times 100\%$$

测定方法：取乳剂适量于离心管中，以一定速度离心一定时间，从离心管底部取出少量乳剂，稀释一定倍数，以纯化水作对照，用比色法在可见光某波长下测定吸光度A，同法测定原乳剂稀释液吸光度A_0，代入公式计算K_e。离心速度和波长的选择可以通过试验加以确定。K_e值越小，乳剂越稳定。

5.观察油水两相分离情况随时间的变化，求出沉降体积比。

6.以H_u/H_0对时间作图，分层速度最慢者为最稳定乳剂，求出分层速度，选择最适宜的HLB值，即为液状石蜡乳所需要的HLB值。

任务 9　石灰搽乳的制备

>> 【处方】

氢氧化钙溶液	15ml	花生油	15ml

>> 【处方分析】

花生油为油相，氢氧化钙溶液为水相。本法采用新生皂法制备乳剂。

>> **【临床适应证】**

本品为具有收敛、保护、润滑、止痛作用，用于轻度烧伤。

>> **【贮藏】**

宜贮于清洁、干燥、灭菌的容器中，密闭保存。

>> **【实验材料】**

氢氧化钙、花生油、纯化水、苏丹红、亚甲蓝。

>> **【仪器与设备】**

天平、乳钵、锥形瓶、烧杯、量筒、玻璃棒、带盖玻璃瓶、盖玻片、试管、显微镜等。

>> **【生产工艺流程图】**

石灰搽乳的生产工艺流程见图 4-2。

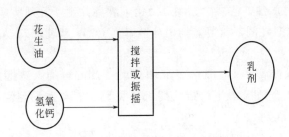

图 4-2　石灰搽乳的生产工艺流程

>> **【制备方法】**

取氢氧化钙溶液与花生油置于具塞三角烧瓶中，加盖用力振摇形成至乳剂形成即得。

>> **【注解】**

1.本法采用新生皂法制备乳剂。新生皂法指将油水两相混合时，在两相界面上发生化学反应生成新生皂类乳化剂，发生乳化制备乳剂的方法。油相中含有硬脂酸、油酸等脂肪酸时，当加入氢氧化钠、氢氧化钙、三乙醇胺等，在高温下（75～80℃）可生成新生皂为乳化剂，经搅拌即形成乳剂。生成的一价皂为 O/W 型乳剂，二价皂则为 W/O 型乳剂。

2.石灰搽剂是氢氧化钙溶液与花生油中所含的少量游离脂肪酸经皂化反应形

成的钙肥皂后，再与花生油生成的 W/O 型乳剂。其他常见的植物油如菜油、麻油、棉籽油等均可以代替花生油，因为这些油脂中也含有少量的游离脂肪酸，遇氢氧化钙溶液后，都可以在室温下形成钙肥皂而起乳化作用。本品的治疗作用主要是：钙能使毛细血管收缩，抑制烧伤后的体液外渗，并能促进上皮细胞生成，钙肥皂还可以中和酸性渗出液、减少刺激，脂肪油对创伤面也有滋润和保护作用。

3. 制备初乳时，应沿同一方向研匀，同时不宜间断。

4. 实验中使用的氢氧化钙溶液应为饱和的水溶液。氢氧化钙溶液的制法：取氢氧化钙 0.3g，置锥形瓶中，加纯化水 100ml，密塞摇匀，时时剧烈振摇，放置 1h，即得。用时倾取上层澄明液使用。

5. 染色法所用检品及试剂，用量不宜过多，以免污染或者腐蚀显微镜及影响结果观察。

>>· 【乳剂类型的鉴别及粒径大小的测定】

1. 乳剂外观鉴别：O/W 型乳剂为白色，W/O 型乳剂为接近油的颜色。

2. 染色法：将石灰搽乳涂在载玻片上，用苏丹红溶液（油溶性染料）和亚甲蓝溶液（水溶性染料）各染色一次，在显微镜下观察并判断乳剂所属类型（苏丹红均匀分散者为 W/O 型乳剂，亚甲蓝均匀分散者为 O/W 型乳剂）。将实验结果记录于表 4-5 中。

3. 稀释法：取试管 2 支，加入液状石蜡乳 1 滴，再加入蒸馏水约 5ml，振摇、翻转数次，观察混合情况，并判断乳剂所属类型（能与水均匀混合者为 O/W 型，反之则为 W/O 型乳剂）。

表 4-5　石灰搽乳染色结果

染料	石灰搽乳	
	内相	外相
苏丹红		
亚甲蓝		

石灰搽乳的类型为_____型。

4. 测定乳剂的粒径大小：取乳剂少许置于载玻片上，加盖玻片后，在光学显微镜下观察乳滴的性状并测定其粒径，记录最大和最多的乳滴直径。注意分清乳滴和气泡。

>>· 【实训记录】

1. 绘制显微镜下的乳剂形态图
2. 实训结果记录格式表

将不同制备方法和不同乳化剂制得乳剂的鉴别要点填于表 4-6 中，并对结果加以分析。

表 4-6　石灰搽乳实验结果记录表

鉴别要点	石灰搽乳
外观	
稀释性	
水溶性染料	
油溶性染料	

3.实训中间品或成品展示

（侧重于实训过程现象的记载及问题的处理）

4.乳剂的粒径大小

将不同制备方法和不同乳化剂制得乳剂的乳滴直径填于表 4-7 中，并对结果加以分析。

表 4-7　石灰搽乳实训结果记录

实验处方号	乳剂类型	最大粒径/μm	最小粒径/μm
石灰搽乳			

>>· 【质量要求】

应符合石灰搽乳项下有关的各项规定。具体内容参照液体石蜡油的［质量要求］。

>>· 【技能考核标准】

鱼肝油乳剂的制备操作考核标准

姓名：_____　　　　学号：_____　　　　得分：_____

序号	考核内容	考核要点	分值	评分标准	得分
1	称器的选择	选择扭力天平	5	错误选择扣除此分	
	量器的选择	选择 100ml 量筒	5	错误选择扣除此分	

续表

序号	考核内容	考核要点	分值	评分标准	得分
2	原辅料的称量与量取	天平调零	5	未调零称量扣除此分	
		正确取放砝码	5	砝码位置错误扣除此分	
		调停点	5	未调停点扣除此分	
		天平还原	5	天平未还原扣除此分	
		手持量筒	5	未三指持量筒扣除此分	
		辅料的量取	5	视线与切线未对齐扣除此分	
3	鱼肝油乳剂的制备	取阿拉伯胶研细	5	操作错误扣除此分	
		过7号筛	5	操作错误扣除此分	
		加鱼肝油研磨成均匀的油胶混悬液	10	操作错误扣除此分	
		将15ml纯化水一次加入,迅速沿同一方向研磨,制成初乳	5	未沿同一方向研磨扣除此分	
		将初乳倾入量杯中,分次用少量纯化水冲洗研钵,加入量杯中,最后加纯化水至全量	10	一次加入扣除此分	
		随加随研磨	5	操作错误扣除此分	
		再加入纯化水使成60ml	5	加入纯化水60ml扣除此分	
		搅拌均匀	5	未搅匀扣除此分	
4	台面整理	玻璃量器的洗涤	5	未进行此操作扣除此分	
		台面整洁	2	未进行此操作扣除此分	
5	着装情况	白大衣整洁,符合个人卫生要求	3	未穿白大衣或个人卫生较差者扣除此分	
	总分		100	得分合计	

（朱迪）

模块二 ▶▶ 固体制剂实训

项目五 粉碎、筛分、混合、干燥

▶▶ 【实训目标】

一、知识目标

1. 掌握粉碎、筛分、混合、干燥的概念、常用方法；

2. 熟悉粉碎、筛分、混合、干燥的操作过程；

3. 了解粉碎、筛分、混合、干燥的基本要求。

二、能力目标

学会常见设备（如万能粉碎机、旋振筛、三维混合机、槽型混合机）的操作要点及适用对象；学会正确判断粉碎、筛分、混合、干燥的结果是否符合生产要求；能理解常见设备构造及工作原理；了解粉碎、筛分、混合、干燥的原理。

任务 10 白糖的粉碎、筛分、混合

▶▶ 【处方】

食用白糖	500g	滑石粉	50g
制得	粗粉若干份	细粉若干份	

▶▶ 【处方分析】

制备制剂所需辅料的前处理。

▶▶ 【主要用途】

常作为辅料使用，主要起填充剂、粘合剂、矫味剂等作用。

▶▶ 【生产工艺流程图】

物料→粉碎→筛分→混合→干燥→外观检查→备用

▶▶ 【制备方法】

1. 干法粉碎，通过粉碎装置进行粉碎；

2.筛分，通过筛分装置进行筛分；

3.混合，通过选用适宜粉末混合的混合设备混合；

4.烘箱烘干。

>>· 【主要物料】

食用白糖、滑石粉等。

>>· 【主要生产设备】

旋振筛、药典筛、电子天平、热风循环干燥箱、万能粉碎机、V形混合机、三维混合机等。

设备的种类及要点	设备展示
粉碎设备：万能粉碎机(图 5-1) 原理：本机利用活动齿盘和固定齿盘间的高速相对运动，使被粉碎物经齿冲击、摩擦及物彼此间冲击等综合作用获得粉碎，被粉碎物可直接由主机磨腔中排出，粒度大小通过更换不同孔径的网筛获得 适用范围：多种干燥药物，如结晶性药物，非组性块状药物干浸膏颗粒，中药的茎、根、叶等的粉碎	 图 5-1　万能粉碎机
筛分设备：旋振筛(图 5-2)及药典筛(图 5-3) 原理：振动电机轴上下两端所安装的重锤(不平衡重锤)，将电机的旋转运动力转换为水平、垂直、倾斜的三次元运动(三维运动)，再将此运动传递给筛面。改变上下重锤的相位角可改变原料在筛面的运动方向和运动轨迹，达到最佳的筛分效果 适用范围：无黏性的药材粉末或化学药物的筛分	 图 5-2　旋振筛  图 5-3　药典筛

设备的种类及要点	设备展示
混合设备:V形混合机(图5-4) 结构与原理:由两个圆柱形筒相交成一个尖角状,并安装在一个与两筒体对称垂直的圆轴上,两个圆柱筒一长一短。使用时圆柱形筒围绕轴旋转,带动物料向上运动,物料在重力作用下自上向下翻滚进行混合。容器不停转动时物料经多次分开、掺和,能在较短时间内混合均匀。圆口经盖密闭,有利于生产流程安排和改善劳动环境 特点:混合均匀度高无残留,无交叉污染。筒体用不锈钢制造,耐腐蚀,寿命长。操作简单,维护方便 适用范围:适用于干性物料的总混	 图5-4 V形混合机
槽型混合机(图5-5) 结构与原理:亦称捏合机,其主要部分有混合槽、搅拌桨、水平轴。搅拌桨呈S形装于槽内轴上,开机使搅拌桨转动以混合物料 适用范围:混合各种粉料,还常用于片剂、丸剂的制软材	 图5-5 槽型混合机
三维混合机(图5-6) 结构与原理:该机由筒体和机身两部分组成。装料的筒体在主动轴的带动下做平行移动及摇滚等复合运动,促使物料沿着筒体做环向、径向和轴向的三向复合运动,从而实现多种物料的相互流动扩散、掺杂,以达到高均匀度混合的目的。该机特点是筒体各处为圆弧过渡,经过精密抛光处理,物料装料率大(最高可达80%,普通混合机仅为40%),效率高,混合时间短,物料无离心力作用,无密度偏析及分层、积聚现象,各组分可有悬殊的密度差,混合率达99.9%以上 适用范围:干性粉末或颗粒物料的总混	 图5-6 三维混合机

续表

设备的种类及要点	设备展示
电子天平(图 5-7) 原理:称量原理是电磁力与物质重力相平衡。通过支架连杆与一线圈相连,该线圈至于固定的永久磁铁——磁钢之中,当线圈通电时自身产生的电磁力与磁钢磁力作用,产生向上的作用力。该力与秤盘中称量物的向下重力达平衡时,此线圈通入的电流与该物重力成正比。利用该电流大小可计量称量物的重量 适用范围:适用于大部分物料的精密称重	 图 5-7　电子天平
热风循环干燥箱(图 5-8) 原理:采用风机循环送风方式,风循环均匀热风循环烘箱。风源由循环送风电机(采用无触点开关)带动风轮经由加热器将热风送出,再经由风道至烘箱内室,再将使用后的空气吸入风道成为风源再度循环,加热使用。确保室内温度均匀性。当因开关门动作引起温度值发生摆动时,送风循环系统迅速恢复操作状态,直至达到设定温度值 适用范围:可干燥各种物料,是理想的通用干燥设备	 图 5-8　热风循环干燥箱

>> ·【相关粉碎设备知识拓展】

设备的种类及要点	设备展示
柴田式粉碎机(图 5-9) 结构:这是目前中药厂普遍应用的冲击式粉碎机,在粉碎机的水平轴上装有打板、挡板、风叶三部分,由电动机带动旋转。药物由加料口进入粉碎室,在转轴高速旋转时,药物受到打板的打击、剪切和挡板的撞击作用而粉碎,经风叶将细粉吹至出口排出 原理:风选法是利用高速的气流将粉末吹出而分离,粗粉可回粉碎机中继续粉碎,如此反复进行可得到极细的粉末。在空气中粗细不同的粉末的下沉速度不同,因此通过适当调整风选器高度和风量可获得不同粒度的药粉 适用范围:中草药的粉碎	 图 5-9　柴田式粉碎机

续表

设备的种类及要点	设备展示
球磨机(图 5-10) 结构与原理:球磨机是兼有冲击力和研磨力的粉碎设备,由不锈钢或瓷制的圆筒和内装有一定数量和大小的圆形钢球或瓷球构成。粉碎时将药物装入圆筒密盖后,开动机器,圆筒转动,使筒内圆球在一定速度下滚动,药物借筒内圆球起落的冲击作用和圆球与筒壁及球与球之间的研磨作用而被粉碎。球磨机要有适当的转速才能使球达到一定高度并在重力和惯性力的作用下呈抛物线抛下而产生撞击和研磨的联合作用,粉碎效果好。若转速过慢,圆球不能达到一定高度即沿壁滚下,此时仅发生研磨作用,粉碎效果较差;若转速较快,圆球受离心力作用沿筒壁做圆周运动而不能落下,失去物料与球体的相对运动,粉碎效果差 适用范围:毒性药物、贵重药物以及刺激性药物的粉碎	 图 5-10　球磨机

》·【相关主要仪器设备结构及操作视频】

1.万能粉碎机

1.1 万能粉碎机工作原理视频

https：//www. icve. com. cn/portal _ new/sourcematerial/edit _ seematerial. html? docid＝j8seaysnazrbx31ykud-sq

1.2 万能粉碎机使用及操作视频

https：//www. icve. com. cn/portal _ new/sourcematerial/edit _ seematerial. html? docid＝qz8nabgqdp1kwdolaxxvxw

2.旋振筛的结构及操作视频

https：//www. icve. com. cn/portal _ new/sourcematerial/edit _ seematerial. html? docid＝6exeaseqv4zo5jzzwia0mw

3. V 形混合机

3.1 V 形混合机结构原理

https：//www. icve. com. cn/portal _ new/sourcematerial/edit _ seematerial. html? docid＝pr10atqpq4bbms5qhenwjg

3.2 V 形混合机的结构及操作视频

https：//www. icve. com. cn/portal _ new/sourcematerial/edit _ seematerial. html? docid＝wezlaugq1kvhfqtoukmeiq

4.球磨机

4.1 球磨机结构原理

https：//www. icve. com. cn/portal _ new/sourcematerial/edit _ seematerial. html? docid＝erg7agwq0yzbbyu7cxi30a

4.2 球磨机的原理教学视频

https：//www.icve.com.cn/portal _ new/sourcematerial/edit _ seematerial.html?
docid＝oetmazgroplfjeu6lpjea

》》·【生产实训记录】

1.实训结果记录格式表（表5-1）

表 5-1 不同物料粉碎的实训结果

项目	物料 1	物料 2
外观		
粒度		
含水量		
结论		

2.实训中间品或成品展示

（侧重于实训过程现象的记载及问题的处理）

》》·【质量检查】

应符合颗粒剂项下有关的各项规定（《中国药典》2015年版一部附录ⅠC）。
操作控制要点与结果判断如下。

1.粉碎

（1）设备空转运行时要注意观察各部件是否有松动现象，如有要加以紧固，以免粉碎过程发生故障。

（2）粉碎过程加料不能太多，以免引起设备故障，影响粉碎效果。

（3）设备运行过程要时刻注意设备的振动情况，有异常要及时停机处理。

2.筛分

（1）设备空转时要注意观察各部件是否有异常情况，以免筛选过程发生故障。

（2）筛分过程加料要适宜，以达到最佳筛分效果。

（3）设备运行过程要时刻注意设备的振动情况，有异常要及时停机处理。

3.混合

（1）运转过程要注意观察各部件是否有异常情况，以免混合过程发生故障。

（2）注意设置合适的混合时间。

（3）混合过程加料要适宜，以达到最佳的混合效果。

（4）进料和出料要调节好理想的进出状态。

4.干燥

（1）干燥过程要注意检查颗粒干燥的程度及情况，必要时翻动物料以加快干燥进程。

（2）注意设置合适的干燥温度、时间，避免温度过高或干燥过度。

（3）托盘中的物料不宜过厚，以免影响干燥速率。

（4）打开通风，帮助水分蒸发，加快干燥速率。

（5）每隔半小时观察外形、水分变化情况。

（6）药架交换标准。顺序为对角—左右—对角—左右；频次为 1 次/4h。

（7）药盘在每次倒架时自下往上移动三层，依次类推。

>>· 【实训测试简答】

1.物料粉碎、混合、筛分、干燥有哪些方法，各方法特点是什么？

2.常用的粉碎、混合、筛分、干燥设备有哪些及每种设备的适用范围？

3.物料粉碎、混合容易出现哪些问题，试分析原因及对策。

任务 11　大黄的粉碎、筛分、混合、干燥

>>· 【处方】

| 大黄饮片 | 1000g | 制得大黄粗粉、细粉若干 |

>>· 【处方分析】

制备制剂所需辅料的前处理。

>>· 【主要用途】

用于中药材粉碎教学的演示实训，同时作为制备大黄浸膏前期准备。

>>· 【生产工艺流程图】

物料→粉碎→筛分→混合→干燥→外观检查→备用

》》·【制备方法】

1. 干法粉碎，通过粉碎装置进行粉碎；
2. 筛分，通过筛分装置进行筛分；
3. 混合，通过选用适宜粉末混合的混合设备混合；
4. 烘箱烘干。

》》·【主要物料】

大黄饮片等。

》》·【主要生产设备】

漩涡旋振筛、药典筛、电子天平、热风循环干燥箱、万能粉碎机、V形混合机、三维混合机等。

》》·【生产实训记录】

1. 实训结果记录格式表（表5-2）

表5-2　不同物料的实训结果记录表

项目	物料1	物料2
外观		
粒度		
含水量		
结论		

2. 实训中间品或成品展示

（侧重于实训过程现象的记载及问题的处理）

》》·【实训技能考核】

1. 实训测试简答
（1）中药粉碎需要注意什么问题？
（2）中药粉碎过程中易出现什么问题，试分析原因及对策。

2.实训技能考核标准

学生姓名：_____　　　　班级：_____　　　　总评分：_____

评价项目	评价指标	具体标准	分值	学生自评	小组评分	教师评分
实践操作过程评价（60%）	生产前操作（5%）	仪器设备选择	1			
		原辅料领用	1			
		仪器设备检查	1			
		清洁记录检查	1			
		清场记录检查	1			
	生产操作（40%）	称量误差不超过±10%	5			
		原料药的粉碎	8			
		过筛操作	6			
		混合操作	7			
		干燥操作	6			
		中间体质量控制	6			
		生产状态标识的更换	2			
	生产结束操作（5%）	余料处理	0.5			
		工作记录	3			
		清场操作	1			
		更衣操作	0.5			
	清洁操作（5%）	人流、物流分开	1			
		接触物料戴手套	1			
		洁净工具与容器的使用	1			
		清洁与清场效果	2			
	安全操作（5%）	操作过程人员无事故	2			
		用电操作安全	1			
		设备操作安全	2			
实践操作质量评价（30%）	过程结果评价（30%）	粉碎物料均匀	6			
		筛分物料符合要求	7			
		混合充分	9			
		干燥是否充分或过度	8			
实践合作程度评价（10%）	个人职业素养（5%）	能正确进行一更、二更操作	3			
		不留长指甲、不戴饰品、不化妆	0.5			
		个人物品、食物不带至工作场合	0.5			
		进场到退场遵守车间管理制度	0.5			
		出现问题态度端正	0.5			

续表

评价项目	评价指标	具体标准	分值	学生自评	小组评分	教师评分
实践合作程度评价（10%）	团队合作能力（5%）	对生产环节负责态度	1			
		做主操时能安排好其他人工作	1			
		做副操时能配合主操工作	1			
		能主动协助他人工作	1			
		发现、解决问题能力	1			
总分			100			

>>· 【知识拓展】

《中国药典》2015 年版规定粉末等级标准	
等级	分等标准
最粗粉	指能全部通过一号筛,但混有能通过三号筛不超过 20% 的粉末
粗粉	指能全部通过二号筛,但混有能通过四号筛不超过 40% 的粉末
中粉	指能全部通过四号筛,但混有能通过五号筛不超过 60% 的粉末
细粉	指能全部通过五号筛,并含能通过六号筛不少于 95% 的粉末
最细粉	指能全部通过六号筛,并含能通过七号筛不少于 95% 的粉末
极细粉	指能全部通过八号筛,并含能通过九号筛不少于 95% 的粉末

>>· 【常见设备的标准操作规程】

5.柴田式粉碎机标准操作规程

柴田式粉碎机 SOP

目的：规范柴田式粉碎机标准操作。

适用范围：柴田式粉碎机操作。

职责：柴田式粉碎机操作人员按本规程操作，班组长、车间主任对本规程的有效执行承担监督检查责任。

内容：

1. 开动粉碎设备前检查各部件安装是否牢固，拧紧螺丝；

2. 关闭粉碎室盖，开动机器空转至正常转动；

3. 由少至多逐渐添加药料进行粉碎；

4. 收集粉碎后的产品；

5. 粉碎完成后，必须在粉碎机内物料全部排出后方可停机；

6. 对粉碎产品进行包装并清场；

7. 更换品种时，应彻底清扫机膛、沉降器及管路，保证物料质量。

6. V型混合机的标准操作规程

V型混合机 SOP

目的：建立V型混合机的标准操作规程，使其操作规范化、标准化。强化设备管理，确保设备正常运行，防止事故的发生，延长设备的使用寿命。

适用范围：V型高效混合机。

责任：操作者、设备工程部、生产技术部

内容：

1. 技术参数

参数/型号	VH-14	VH-50	VH-100
容积	14L	50L	100L
最大装量	5.6L	13kg	40L
搅拌转速	26r/min	20r/min	15r/min
混合时间	6～8min	8～10min	8～10min
功率	0.37kW	0.75kW	1.1kW
外形尺寸	780mm×350mm×780mm	1350mm×450mm×1160mm	1680mm×660mm×1480mm
重量	80kg	200kg	200kg

2.混料机在运转过程中，机身应匀速进行运转，无异常噪声。运行1～2min后，准备停机。

3.通过调节电机转速按钮进行停机，停机时应使混料机放料口正对地面，并将调节电机转速按钮调到0位，将停止按钮向右旋转，切断电源。

4.空载运行符合要求后，可进行带料运行（混料）操作。

5.带料运行（混料）

（1）打开混料机投料口，并重新确认放料口已关闭，按工艺控制要求在V形料斗内投入规定量的物料。

（2）投料完毕，关闭投料口并锁紧，以防止混料时物料流出。

（3）接通电源按钮，将停止按钮向左旋转，启动混料机的反转按钮，调节电机转速在工艺规定的转速内（产品要求600r/min）进行混料。

（4）混料到达工艺规定的时间后，通过调节电机转速按钮进行停机，停机时应使混料机放料口正对地面，并将调节电机转速按钮调到0位V型混合机将停止按钮向右旋转，切断电源。

（5）放料：打开投料口，用规定的容器在放料口进行装料，直至放尽料斗内物料。

（6）维护保养：在操作及维护保养时，应注意以下事项。

①先插上电源，然后启动开关，机器就启动了。

②物料混合好如出料口不在所需位置，那么就要进行点动，直到出料口停在所需位置。

③开机前应先检查电器是否正常，混合筒的盖是否盖紧。

④工作结束后必须将机器清洗干净，特别是料筒里面要清洗干净，防止物料残留。

⑤注意减速机加足润滑油（一般采用30号机械油），传动链条中加润滑脂。

⑥使用半年后应进行一次保养，更换减速机润滑油，检查电器是否老化，电器老化必须更换。

⑦使用一年或稍长一段时间，应进行一次大保养，检查机器各部间隙，进行适当调整，使机器保持良好状态。

7.万能粉碎机的标准操作规程

万能粉碎机 SOP

目的：建立30B型万能粉碎机标准操作规程，使其操作规范化、标准化。

适用范围：适用于30B型万能粉碎机。

责任：操作者、设备工程部、生产技术部。

内容：

1. 编制依据：30B型万能粉碎机使用说明书。

2. 设备描述及基本参数

（1）设备描述：30B型万能粉碎机，适用于医药、化工、食品等行业，粉碎干燥的脆性材料。软化点低、黏度大的材料不宜选用本机。

本机与粉碎物料相接触的零件全部采用不锈钢材料制造，有良好的耐腐蚀性。机架四周全部封闭，便于清洗，机壳内壁全部经过加工，达到表面平整、光滑，使药品、食品、化工等生产更符合国家"GMP"标准。本机目前为国内独家生产。

（2）结构与工作原理：本机主轴上装有三圈活动齿盘，粉碎室盖上装有固定齿盘，固定齿盘上装两圈带钢齿的固定齿圈。活动齿盘上的活动齿盘与固定齿圈相互交错排列。当主轴高速运转时，活动齿盘同时运转，物料抛进榔头间的间隙。在物料与齿或物料彼此间的相互冲击、剪切、摩擦等综合作用下，获得粉碎。成品经筛网过筛后由粉碎室排出进入捕集袋，粗料则继续粉碎。物料粉碎度可用筛网调节。本机结构简单，坚固耐用使用及维护方便，产量高，运转平稳。

（3）主要技术参数

生产能力：100～300 kg/h　　　主转转速：3800 r/min

进料粒度：10mm　　　粉碎细度：60～120目

粉碎电机：5.4kW　　　机器重量：320kg

外形尺寸：600mm×650mm×1450mm（长×宽×高）

3. 设备操作

（1）生产前

① 检查设备是否挂有"清洁合格证"，如有说明设备处于正常状态，摘下此牌，挂上运行状态标志牌。

② 操作人员按要求穿戴好工作服装及安全防护口罩。

③ 检查工作室内设备、物料及辅助工器具是否已定位摆放。

④ 检查配电箱台面、粉碎机工作台面、及周围空间是否有杂物堆放，清除与工作无关的物品。

（2）运行前检查

① 运行前，检查设备各部分装配是否完整准确，供料斗及主机腔内是否有铁屑等杂物，如有需除去。

② 检查主机皮带松紧度是否正常，皮带防护罩是否牢固；检查机架、主机仓门锁定螺丝、电机底脚等紧固件是否牢固。

③ 检查集料袋安装是否正确、牢固。

④ 用手转动主轴时，观察主轴活动是否灵活、无阻碍，如有明显卡滞现象，应查明原因，清除阻碍物。

⑤ 搬合控制配电箱电源开关。

⑥ 点动启动主机，确认电机旋转方向与箭头方向是否一致。

注：本机未设单独点动控制按扭，由面板启动按钮和停止按钮操作完成；即按动启动按钮，电机转动，起步后，即刻按动停止按钮，电机停转，由于惯性原因在电机达到静止状态前观察电机旋转方向。

⑦ 点动启动吸尘电机，确认电机旋转方向与箭头方向是否一致。

⑧ 操作前准备和设备运行前检查确认无误后，准备开机运行操作。

（3）运行操作

① 按动除尘机组启动按钮，除尘机启动运行。

② 待风机运行平稳后，按动粉碎主机启动按钮，主机启动运行。

③ 上述电机启动后，空载运行约 2 分钟，观察主机、吸尘风机空载运行稳定后方可投料。

④ 将待粉碎物料（最大进料粒度 8～12mm）投入料斗内堆放，调整进料闸门大小，依靠机器自身震动，使物料按设定速度定量送进粉碎室内。

⑤ 主电机负荷应控制在额定值内工作（本机主电机额定功率为 5.5kW），视物料性质、粉碎细度及下料速度适当调整供料进给量，避免发生闷车事故，保证主机在额定工作状态下工作。

⑥ 适用范围

A. 本机适用于粉碎干燥的脆性物料；

B. 不适用粉碎软化点低、黏度大的物料。

⑦ 细度调整因素

A. 保持适当的供料进给量；

B. 粉碎仓内剪切齿刀和固定齿圈的磨损程度；

C. 成品由粉碎室经筛网过筛后的调节；

D. 成品收集器通道是否畅通良好。

⑧ 经粉碎室粉碎的合格物料，经出料口进入集料桶内，操作人员可由安装在集料箱面板上的观察窗观察制品的收集情况，当被粉碎制品收集量大于料桶的 2/3 时，应更换集料桶或清理集料桶内的合格粉料。

⑨ 更换集料桶的操作需在停机状态下进行。

（4）停机操作

① 粉碎工作结束后，按下述顺序进行停机操作。

A. 关闭进料调节闸门，停止向粉碎仓内供料。

B. 停止送料后，整机继续运行约 2 分钟，视集料桶内无粉料进入后，按动主机停止按钮，主机停止运行。

C.待主机停稳后，按动吸尘风机停止按钮，风机停止运行。

② 本机设有袋式除尘器，并可适当摇动振动器振动布袋，每班对布袋进行清理，如更换品种应按清洁规程对布袋进行清洗。

③ 操作完毕后按清洁规程对设备进行清洁。

（5）操作安全及注意事项

① 设备运行时禁止操作人员与设备传动部分接触。

② 禁止用水对设备进行喷淋清洗。

③ 凡装有油杯的地方，启动前应注入适当的润滑脂，并检查旋转部分是否有足够的润滑脂。

④ 经常检查刀片、衬圈、齿盘磨损情况，其磨损后会使粉碎粒度变粗，如发现磨损严重及时上报。

⑤ 粉碎机最大进料粒度为 8～12mm。

⑥ 物料粉碎前必须经过检查，不允许有金属杂物进入粉碎室内。

⑦ 未经操作前准备和运行前各项目检查不得盲目开机运行。

8.振动筛的标准操作规程

振动筛 SOP

目的：建立振动筛的标准操作规程，使其操作规范化、标准化。

适用范围：适用于振动筛。

责任：操作者、设备工程部、生产技术部。

内容：

1.编制依据：振动筛的使用说明书。

2.设备描述

振动筛，适用于医药、化工、食品等行业，粉末材料的筛分。

主要用来筛分、过滤各种淀粉中的杂质，结块、黏结抱团的物料等，还具有松散物料的作用。

（1）操作前检查确认

① 操作者必须懂得设备的技术性能和构造；

② 在操作前，两侧同时检查油面高度，油面太高会导致振动器温度上升或运转困难，油面太低导致轴承过早损坏；

③ 检查全部螺栓的紧固程度；

④ 检查三角胶带的张紧力，避免在启动或工作中打滑，并确保三角胶带的对正性；

⑤ 确保所有的运动件与固定物之间的间隙；

⑥ 筛子应在没有负荷的情况下启动，待筛子运转平稳后，方能开始给料，待筛面上的物料排尽后再停机；

⑦ 给料槽应尽可能与料端对正，并尽可能沿筛子全宽均布给料；

⑧ 启动时一定发出信号，确保无误；

⑨ 正式生产以前应先空转，若有问题，及时反馈或处理。

（2）运行中的注意事项或严禁事项

① 当声音突然变化、振动剧烈或有异物要及时拉闸，与有关岗位联系好，及时进行处理并报；

② 紧急停机后的开机按开机操作程序开机；

③ 故障停机后，禁止未处理就开机；

④ 不准任意拆除和更换设备的安全保护装置；

⑤ 无特殊情况不得重载停车；

⑥ 未经批准不得对设备的结构进行焊接或切割；

⑦ 操作倒换电葫芦时，应先检查振动筛下部及轨道保持顺畅后倒换，以免掉道；

⑧ 设备运行中严禁擦抹清扫设备，设备发生故障时必须停机处理，严禁在运转中处理问题；

⑨ 电气绝缘工具保持清洁干燥，不准湿手拉合闸，不准带负荷拉闸，不准用其他金属代替保险丝；

⑩ 电气设备不准乱动，着火时应立即切断电源，要用二氧化碳灭火器灭火。

（3）检查维护

① 操作人员必须按照点检卡规定内容执行点检并做好记录；

② 点检过程中发现的问题，应及时记录、汇报，并反馈处理信息；

③ 实验结束时必须达到三清：岗位清，设备清，现场清；

④ 操作人员必须按照自检自修的规定维护好设备；

⑤ 实验结束时必须将设备清扫擦抹干净，做到设备无积灰、油污，机旁无杂物，油具、油料保持清洁；

⑥ 要详细记录本岗位设备运行情况，有无异常现象，要及时填好设备缺陷记录；

⑦ 必须对设备进行详细的检查，发现问及时上报并如实做好记录。

9. SYH-600 型三维混合机标准操作规程

SYH-600 型三维混合机 SOP

目的：规范 SYH-600 型三维混合机标准操作。

范围：适用 SYH-600 型三维混合机操作。

职责：SYH-600 型三维混合机操作人员按本规程操作，班组长、车间主任对本规程的有效执行承担监督检查责任。

内容：

一、操作前准备工作

1. 检查设备是否洁净，混合机内有无异物。

2. 检查减速机油面是否正常。

二、生产操作

1. 合上电源开关，操作设备，使加料口处于合适的加料位置后，关闭电源开关。

2. 打开加料口盖，将颗粒倾入混合桶内，合上桶盖。

3. 按要求设定混合时间，启动运转开关。

4. 混合时间达到后，关闭开机控制键，准备出料，如果料口位置不理想，可再次按操作程序开机，使其出料口调整到最佳位置。

5. 关上电源开关，放好电器，打开混合桶盖出料。

6. 生产完毕，按要求清洁设备，填写《主要设备运行记录》（REC-SB-007-00）。

10. 热风循环烘箱的标准操作规程

热风循环烘箱 SOP

目的：规范热风循环烘箱标准操作。

范围：适用热风循环烘箱操作。

职责：车间工艺员、设备安全员：负责该 SOP 的培训工作，监督检查该 SOP 执行情况。QA 现场监控员：监督检查该 SOP 执行情况。

操作人员：严格按该 SOP 进行操作。

内容：

1. 每次使用前设备操作人员检查烘箱内外是否清洁，是否完好。

2. 开启箱门，拉出烘车托架将需干燥容具放入烘箱内或托盘上，关闭箱门。

3.开启电源开关，打开蒸汽出口阀，打开蒸汽阀，排尽管路内空气及余水后，调节进汽阀、出汽阀，开始加热升温。开启风机开关，箱内热风循环，加热15分钟后开启排湿阀排湿1分钟，排出箱内湿气，以后每干燥15分钟，排湿1分钟。排湿完毕关闭排湿阀。

4.设定温度，待箱内温度达到设定值时（控温仪红灯亮），关闭部分蒸汽进口阀，恒定箱内温度到设定时限，干燥完毕，关闭蒸汽进口阀，打开排汽阀，关闭风机、电源。

5.干燥结束，开启箱门拉出烘车，将烘干的容器具放于指定地点。

6.操作过程中注意观察箱内温度变化情况，一旦温度控制失灵，应立即停机检查维修。

结束后，需要对热风循环烘箱箱内进来检查，确认无故障后方可进来清理等后序保养维护工作。切不可操之过急，以免带来意想不到的后果。

（刘龙云）

项目六　散剂

》·【实训目标】

一、知识目标

1.掌握散剂的制备工艺流程；

2.熟悉散剂的质量检查；

3.了解散剂的包装储藏。

二、能力目标

学会固体粉末的研磨、混合、过筛等基本操作及常用器具的正确使用；熟练掌握散剂的制备方法及质量评价方法。

任务 12　硫酸阿托品散剂的制备

》·【处方】

硫酸阿托品	0.25g	乳糖	24.50g
胭脂红乳糖（1.0%）	0.25g		

》·【处方分析】

硫酸阿托品为主药药物；乳糖为稀释剂；胭脂红乳糖为着色剂。

>> •【临床适应证】

抗胆碱药，用于胃肠道、胆绞痛，散瞳检查验光，角膜炎，有机磷农药中毒、感染性休克等综合征的治疗。

>> •【生产工艺流程图】

硫酸阿托品散剂的生产工艺流程见图 6-1。

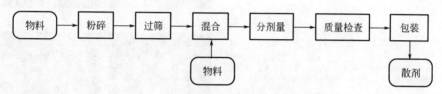

图 6-1　硫酸阿托品散剂的生产工艺流程

>> •【制备方法】

研磨乳糖使研钵饱和后倾出，将硫酸阿托品与胭脂红乳糖置研钵中研合均匀，再以等量递增法逐渐加入乳糖，研匀，待色泽一致后，分装，每包 0.1g。

>> •【主要物料】

硫酸阿托品、乳糖、胭脂红等。

>> •【主要生产设备】

槽型混合机、漩涡旋振筛、药典筛、电子天平、热风循环干燥箱、万能粉碎机、全自动散剂包装机。

设备的种类及要点	设备展示
全自动散剂包装机(图 6-2) 原理:自动完成计量,制带充填封合打印批号切断及计数等全部工作,自动完成散剂及颗粒的包装 适用范围:散剂的内包	 图 6-2　全自动散剂包装机

续表

设备的种类及要点	设备展示
传统散剂包装 原理:分剂量散剂可用各式包药纸包成四角或五角包,非分剂量散剂多用纸盒或玻璃瓶包装 　1.取正方形纸一张,从一角沿直线上向上折起[图 6-3(a)] 　2.再从右侧沿着另一个角向左成直角折叠[图 6-3(b)] 　3.沿着另一个角向左成 30°折叠[图 6-3(c)] 　4.从右上方向左下折叠[图 6-3(d)] 　5.最后将上方的部分向下窝在双层部分内测[图 6-3(e)] 　6.效果[图 6-3(f)、图 6-3(g)]	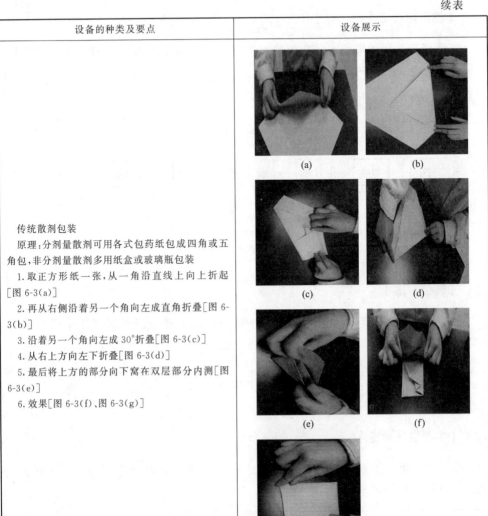 图 6-3　传统散剂包装

任务 13　痱子粉的制备

【处方】

薄荷脑	0.6g	氧化锌	6.0g
麝香草酚	0.6g	薄荷油	0.3ml
硼酸	8.5g	樟脑	0.6g

水杨酸	1.14g	淀粉	10.0g
升华硫	4.0g	滑石粉	加至 100.0g

【处方分析】

薄荷脑、樟脑、麝香草酚为主药；水杨酸、硼酸、升华硫为消毒杀菌剂；氧化锌为收敛剂；薄荷油为矫味剂；淀粉、滑石粉为稀释剂。

【临床适应证】

本品有吸湿、止痒及收敛作用，用于痱子、汗疹等的治疗。

【生产工艺流程图】

痱子粉的生产工艺流程见图 6-4。

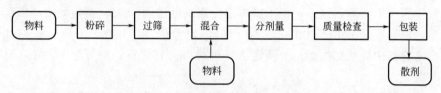

图 6-4 痱子粉的生产工艺流程

【制备方法】

取薄荷脑、樟脑、麝香草酚研磨至全部液化，并与薄荷油混合。另将水杨酸、硼酸、升华硫、氧化锌、淀粉、滑石粉研磨混合均匀，过七号筛。然后将共熔混合物与混合的细粉研磨混合，过七号筛，即得。

【注解】

1.处方中成分较多，应注意混合的顺序，要合理应用等量递加法。

2.注意观察共熔现象。共熔成分应全部液化后，再用混合的其他药粉或滑石粉吸收，并过筛 2～3 次，检查均匀度。

【实训记录】

1.实训结果记录（表 6-1）

表 6-1 不同散剂制备实训结果记录表

品名	外观	粒度	装量差异
硫酸阿托品散			
痱子粉			

2.实训检测题

（1）为了使各组分混合均匀，常用哪些方法？

（2）粉碎的意义、方法及适用范围是什么？

（3）散剂常见哪些类型，配制时需要注意什么问题？

（4）在配制该散剂时容易出现哪些问题，试分析原因及对策。

>>· 【质量检查】

应符合散剂项下有关的各项规定（《中国药典》2015年版四部通则0115）。

1.粒度：取供试品10g，精密称定，照粒度和粒度分布测定法（通则0982单筛分法）测定。化学药散剂通过七号筛（中药通过六号筛）的粉末重量，不得少于95%。

2.外观均匀度：取供试品适量，置光滑纸上平铺5cm²，将其表面压平，在亮处观察，应呈现均匀色泽，无花纹、色斑。

3.干燥失重：取供试品，照干燥失重测定法（通则0831）测定，在105℃干燥至恒重，减失重量不得超过2.0%。

4.水分：中药散剂按照水分测定法（通则0832）测定，除另有规定外，不得超过9.0%。

5.装量差异：单剂量、一日剂量包装的散剂，医学教育网收集整理装量差异限度应符合规定

6.装量差异：要求见表6-2。

表6-2　散剂的装量差异限度要求

平均装量或标示装量/g	装量差异限度/%
0.1 或 0.1 以下	±15.0
0.1 以上至 0.5	±10.0
0.5 以上至 1.5	±8.0
1.5 以上至 6.0	±7.0
6.0 以上	±5.0

方法：取供试品10袋（瓶），除去包装，分别精密称定每袋（瓶）内容物的重量，求出每袋（瓶）内容物的装量与平均装量。每袋（瓶）内容物的装量与平均装量（用于有含量测定颗粒剂的比较）或标示装量（用于无含量测定颗粒剂的比较）相比应符合规定，超出装量差异限度的散剂不得多于2袋（瓶），并不得有1袋（瓶）超出装量差异限度的1倍。凡规定检查含量均匀度的散剂，一般不再进行装量差异的检查。

7.无菌：用于烧伤[除程度较轻的烧伤（Ⅰ度或浅Ⅱ度）外]、严重创伤或临床必须无菌的局部用散剂，按照无菌检查法（通则1101）检查，应符合规定。

8.微生物限度检查：除另有规定外，按照非无菌产品微生物限度检查：微生物计数法（通则1105）和控制菌检查法（通则1106）及非无菌药品微生物限度标准（通则1107）检查，应符合规定。凡规定进行杂菌检查的生物制品散剂，可不进行

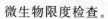

微生物限度检查。

>>· 【技能考核标准】

散剂制备操作技能考核标准

学生姓名：_____　　　　　班级：_____　　　　　总评分：_____

评价项目	评价指标	具体标准	分值	学生自评	小组评分	教师评分
实践操作过程评价（60%）	生产前操作（5%）	仪器设备选择	1			
		原辅料领用	1			
		仪器设备检查	1			
		清洁记录检查	1			
		清场记录检查	1			
	生产操作（40%）	称量误差不超过±10%	5			
		原料药的粉碎	4			
		过筛操作	5			
		混合操作	6			
		分剂量	6			
		中间体质量控制	6			
		散剂包装	6			
		生产状态标识的更换	2			
	生产结束操作（5%）	余料处理	0.5			
		工作记录	3			
		清场操作	1			
		更衣操作	0.5			
	清洁操作（5%）	人流、物流分开	1			
		接触物料戴手套	1			
		洁净工具与容器的使用	1			
		清洁与清场效果	2			
	安全操作（5%）	操作过程人员无事故	2			
		用电操作安全	1			
		设备操作安全	2			
实践操作质量评价（30%）	过程结果评价（30%）	粉碎物料均匀	4			
		筛分物料符合要求	6			
		混合充分	6			
		色泽均匀,无花纹、色斑	7			
		符合装量差异限度要求	7			

续表

评价项目	评价指标	具体标准	分值	学生自评	小组评分	教师评分
实践合作程度评价（10%）	个人职业素养（5%）	能正确进行一更、二更操作	3			
		不留长指甲、不戴饰品、不化妆	0.5			
		个人物品、食物不带至工作场合	0.5			
		进场到退场遵守车间管理制度	0.5			
		出现问题态度端正	0.5			
	团队合作能力（5%）	对生产环节负责态度	1			
		做主操时能安排好其他人工作	1			
		做副操时能配合主操工作	1			
		能主动协助他人工作	1			
		发现、解决问题能力	1			
总分			100			

知识链接

散剂的包装储存

散剂的比表面积较大，易吸湿、结块，甚至变色、分解，从而影响疗效及服用。因此应选用适宜的包装材料和贮藏条件以延缓散剂的吸湿。常用的包装材料有有光纸、玻璃纸、蜡纸、玻璃瓶、塑料瓶、硬胶囊、铝塑袋及聚乙烯塑料薄膜袋等。分剂量散剂可用各式包药纸包成四角或五角包，非分剂量散剂多用纸盒或玻璃瓶包装。散剂贮藏的环境应阴凉干燥，且应分类保管，定期检查。

（刘修树，范高福）

项目七 中药丸剂

》·【实训目标】

一、知识目标

1.掌握丸剂的制备工艺方法；

2.熟悉丸剂的质量检查；

3.了解丸剂的类型及临床用途。

二、能力目标

能进行中药丸剂的小试制备；掌握炼糖或炼蜜的基本操作；能正确使用中药制丸机等设备。

任务 14　六味地黄丸的制备

>>· 【处方】

熟地黄	40g	山茱萸（制）	20g
牡丹皮	15g	山药	20g
茯苓	15g	泽泻	15g

>>· 【临床适应证】

六味地黄丸临床上用于肾阴亏损，头晕耳鸣，腰膝酸软，骨蒸潮热，盗汗遗精，消渴。口服，水蜜丸一次 6g，小蜜丸一次 9g，大蜜丸一次一丸，一日 2 次。本品为棕黑色的水蜜丸，黑褐色的小蜜丸或大蜜丸；味甜而酸。

>>· 【生产工艺流程图】

六味地黄丸的生产工艺流程见图 7-1。

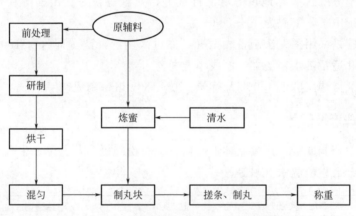

图 7-1　六味地黄丸的制备工艺示意图

>>· 【制备方法】

1. 以上六味，除熟地黄、山茱萸外，其余 4 味共研成细粉，取其中一部分与熟地黄、山茱萸共研成不规则的块状，放入烘箱内于 60℃以下烘干，再与其他粗粉混合研成细粉，过 80 目筛混匀备用。

2. 炼蜜：取适量蜂蜜置于适宜容器中，加入适量清水，加热至沸后，用 40～60目筛过滤，除去死蜂、蜡、泡沫及其他杂质。然后，继续加热炼制，至蜜表面起黄色气泡，手拭之有一定黏性，但两手指离开时无长丝出现（此时蜜温约为 116℃）即可。

3. 制丸块：将药粉置于搪瓷盘中，每 100g 药粉加入炼蜜（70～80℃）90g 左右，混合揉搓制成均匀滋润的丸块。

4.搓条、制丸：根据搓丸板的规格将以上制成的丸块用手掌或搓条板做前后滚动搓捏，搓成适宜长短粗细的丸条，再置于搓丸板的沟槽底板上（需预先涂少量润滑剂），手持上板使两板对合，然后由轻至重前后搓动数次，直至丸条被切断且搓圆成丸。每丸重9g。

5.制成品可用蜡纸或塑料盒包装。

>>· 【注解】

1.蜂蜜炼制时应不断搅拌，以免溢锅。炼蜜程度应掌握恰当，过嫩时含水量高，使粉末黏合不好，成丸易霉坏；过老时丸块发硬，难以搓丸，成丸难崩解。

2.药粉与炼蜜应充分混合均匀，以保证搓条、制丸的顺利进行。

3.为避免丸块、丸条黏着搓条、搓丸工具及双手，操作前可在手掌和工具上涂擦少量润滑油。

4.由于本方既含有熟地黄等滋润性成分，又含有茯苓、山药等粉性较强的成分，所以宜用中蜜，蜜温为70～80℃。

5.本实验是采用搓丸法制备大蜜丸，亦可采用泛丸法（即将每100g药粉用炼蜜35～50g和适量的水，泛丸）制成小蜜丸。

6.润滑剂可选用麻油1000g加蜂蜡120～180g熔融制成。

>>· 【主要生产设备】

全自动中药制丸机、热风循环干燥箱、中药粉碎机、药典筛、中药搓丸板、电子分析天平、数显恒温水浴锅等。

设备的种类及要点	图片展示
全自动中药制丸机(图 7-2) 原理：将混合或炼制好的药料送入料仓内,在螺旋推进器的挤压下,制出三根直径相同的药条,经过导轮,顺条器同步进入制丸刀轮中,经过快速切磋,制成大小均匀的药丸 适用范围：本制丸机主要用于大、中、小型药厂和医院研究部门研制及小批量生产,优点是效率高,节约人工成本,是新型制药厂的首选机械	 图 7-2 全自动中药制丸机

续表

设备的种类及要点	图片展示
中药粉碎机(图7-3) 原理:该类型粉碎机都是利用粉碎刀片高速旋转撞击来实现干性物料的一般性粉碎。它由粉碎室、粉碎刀片、高速电机等组成。物料直接放入粉碎室中,旋紧粉碎室盖,开机1~3分钟便可完成粉碎 适用范围:适用于小型中药厂、中药店、中医院,同时适用化工、矿山和科研单位等。该机工作效率高,操作简单。产品细度可达200目,对于粉碎易黏结,通常粉碎机难于粉碎的贵重中药,更为有效	 图7-3　中药粉碎机
中药搓丸板(图7-4) 原理:把底板用固定板条固定在工作台上,然后把两边固定底板和面板的2个小铁钉取出,打开面板,将搓好的多条药条向前推上进入底板上面,横放在底板上面,扣上面板、手指把手前后来回搓动,即可制成药丸 适用范围:中药丸剂的制备	 图7-4　中药搓丸板
数显恒温水浴锅(图7-5) 原理:电气箱内有电热管和传感器。传感器将水槽内水的温度转换为电阻值,经过集成放大器的放大、比较后,输出控制信号,有效地控制电加热管的平均加热功率,使水槽内的水保持恒温 适用范围:当被加热的物体要求受热均匀,温度不超过100℃时,可以用水浴加热	 图7-5　数显恒温水浴锅

>>·【相关主要仪器设备结构及操作视频】

中药制丸机塑制水丸操作视频如下。

https：//www. icve. com. cn/portal ＿ new/sourcematerial/edit ＿ seematerial. html? docid＝nmohaacnl51nqzogiv4bnw

>> ·【生产实训记录】

1.项目评价表（表7-1）

表7-1　中药丸剂实验结果评价表

姓名：　　　　　　　　　　　　　　　　　　　　班级：

评价指标	评价要点	评定(10~8、7~5、<5)			评价结果			
		自评	组评	师评	优	良	及格	不及格
操作过程	1.操作步骤遵循制备中药丸剂型的操作规程							
	2.小组成员之间的合作默契度							
	3.发现问题的能力及解决问题的能力							
	4.在操作过程中的态度严谨及科学态度							
	5.能够将已有知识与实际操作联系起来							
	6.制备中药丸剂操作的熟练程度							
成品评价	7.在制备中药丸剂型操作中出现的问题及解决问题的方法							
	8.制备出中药丸剂的质量和准确性							
	9.成品的用法与用量							
	10.对制备中药丸剂操作规程的详细修订							
总评	总评级别	优	良		及格	不及格	总评得分	
		100~88	87~75		74~60	<60		
	评语：							

2.实训中间品或成品展示

（侧重于实训过程现象的记载及问题的处理）

3. 实训测试题

（1）制蜜丸使用的粘合剂是什么？

A. 浸膏　　　　B. 炼蜜　　　　C. 米糊或面糊　　　　D. 水蜜混合液　　　　E. 蜂蜡

（2）制备蜜丸的一般药粉应过多少目筛？

A. 60 目　　　　B. 80 目　　　　C. 100 目　　　　D. 200 目

（3）制丸块是塑制法制备蜜丸的关键工序，优良的丸块应具备的状态是什么？

A. 可塑性好，可以随意塑形

B. 表面润泽，不开裂

C. 软硬适宜

D. 握之成团，按之即散

E. 丸块用手搓捏较为黏手

（4）需要干燥的丸剂有哪些？

A. 大蜜丸　　　　　　　　　　B. 水蜜丸

C. 浓缩丸　　　　　　　　　　D. 浓缩水丸

E. 蜡丸

（5）丸剂溶散时限叙述正确的有哪些？

A. 蜜丸 60 分钟　　　　　　　B. 水丸 60 分钟

C. 水蜜丸 30 分钟　　　　　　D. 蜡丸 120 分钟

E. 浓缩丸 60 分钟

≫· 【质量检查】

1. 性状：本品为棕红色或褐色的大蜜丸，味酸、甜。

2. 检查

（1）外观：应圆整均匀，色泽一致，无裂缝，蜜丸应细腻滋润，软硬适中。

（2）水分：取本品按照《中国药典》2015 年版四部水分测定法（通则 0832）测定。除另外规定外，六味地黄丸中水分不得过 15%。

3. 溶散时限：除另有规定外，取供试品 6 丸，选择适当孔径筛网的吊篮（丸剂直径在 2.5mm 以上，用直径约 0.42mm 筛网；在 2.5~3.5mm，用直径 1.0mm 筛网；在 3.5mm 以上，用直径约 2.0mm 的筛网），依照片剂崩解的方法，加挡板检查。小蜜丸、水蜜丸或水丸应在 1h 内全部溶散；浓缩丸、糊丸在 2h 内全部溶散；直径小于 2.0mm 的丸剂，应取直径约 0.42mm 的筛网如法检查，在 2h 内全部溶散。如有丸剂黏附挡板妨碍检查，则另取供试品 6 丸，不加挡板，按规定检查，在规定时间内应全部溶散。

4. 重量差异限度

（1）按丸数服用应符合（表 7-2）：以一次服用量最高丸数为 1 份（丸重 1.5g以上的丸剂以 1 丸为 1 份），取供试品 10 份，分别称定重量，再与标示量比较，超过重量差异限度不得多于 2 份，并不得有一份超出重量差异限度一倍。

表 7-2　丸剂重量差异限度

表示总量/g	重量差异限度/%
0.05 或 0.05 以下	±12.0
0.05～0.1	±11.0
0.1～0.3	±10.0
0.3～1.5	±9.0
1.5～3	±8.0
3～6	±7.0
6-9	±6.0
9 以上	±5.0

（2）按重量服用应符合（表 7-3）：取供试品 10 丸为 1 份，共取 10 份，分别称定重量，每份重量与平均重量相比，超出重量差异限度的应不多于 2 份，并不得有 1 份超出重量差异限度的一倍。

表 7-3　丸剂重量差异限度

每一份的平均重量/g	重量差异限度/%
0.05 或 0.05 以下	±12.0
0.05～0.1	±11.0
0.1～0.3	±10.0
0.3～1.0	±8.0
1.0～2.0	±7.0
2.0 以上	±6.0

5.装量差异限度（表 7-4）：按一次（或一日）服用剂量分装的丸剂应作装量差异限度检查，其装量差异限度应符合以下规定。

取供试品 10 袋（或瓶），分别称定每袋内容物的重量后，每袋（或瓶）装量与标示量相比较，应符合规定。超出装量差异限度的不得多于 2 袋（或瓶），不得有 1 袋（或瓶）超出装量差异限度一倍。

表 7-4　丸剂装量差异限度要求

每袋（或瓶）的标示量/g	装量差异限度/%
0.5 或 0.5 以下	±12.0
0.5～1.0	±11.0
1.0～2.0	±10.0
2.0～3.0	±8.0

续表

每袋(或瓶)的标示量/g	装量差异限度/%
3.0～6.0	±6.0
6.0～9.0	±5.0
9.0以上	±4.0

6.微生物限度检查：根据规定，各种丸剂皆不得检出活螨、螨卵和大肠埃希菌；中药蜜丸、水丸含杂菌数每克不得超过 10000 个，霉菌总数每克不得超过 500 个；中药浓缩丸，含杂菌总数每克不得超过 1000 个，霉菌总数每克不得超过 100 个。

（吴　丹）

模块三 ▸▸ 半固体制剂

项目八　软膏剂

▸▸·【实训目标】

一、知识目标

1.掌握软膏剂的种类、常用基质的种类，不同类型、不同基质软膏剂的制法、操作要点及操作注意事项；

2.熟悉软膏剂中药物与基质的混合方法；

3.了解软膏剂的质量检查方法。

二、能力目标

能完成不同类型、不同基质软膏剂的制法操作；会进行软膏剂的质量评定。

任务 15　水杨酸软膏剂的制备

▸▸·【处方】

水杨酸	0.5g	液状石蜡	适量
凡士林	加至10g		

▸▸·【处方分析】

水杨酸为主药；液状石蜡和凡士林为油脂性基质，液状石蜡可调节凡士林基质的稠度。

▸▸·【临床适应证】

本品为消毒防腐药（局部抗真菌药），用于头癣、足癣及局部角质增生。主治疾病有头皮糠疹、干性糠疹、头皮屑、红皮病、剥脱性皮炎、脂溢性皮炎、脂溢性湿疹、头癣、足癣、老年斑。

▸▸·【生产工艺流程图】

水杨酸软膏剂的生产工艺流程见图8-1。

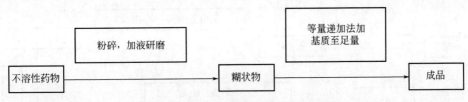

图 8-1 水杨酸软膏剂的生产工艺流程

>> · 【制备方法】

取水杨酸细粉置于研钵中，加入适量液体石蜡研成糊状，分次加入凡士林混合研匀即得。

>> · 【主要物料】

原料有水杨酸；辅料有液状石蜡、凡士林。

任务 16　水杨酸乳膏剂的制备

>> · 【处方一】

水杨酸	1.0g	白凡士林	2.4g
十八醇	1.6g	单硬脂酸甘油酯	0.4g
十二烷基硫酸钠	0.2g	甘油	1.4g
对羟基苯甲酸乙酯	0.04g	纯化水	加至 20g

>> · 【处方分析】

水杨酸为主药；白凡士林为油相，可调节稠度；十八醇和单硬脂酸甘油酯为辅助乳化剂，十八醇兼有稳定剂的作用；十二烷基硫酸钠为 O/W 型乳化剂；甘油为保湿剂；对羟基苯甲酸乙酯为防腐剂。

根据单硬脂酸甘油酯的 HLB 值为 3.8，十二烷基硫酸钠的 HLB 值为 40，可计算出混合后乳化剂的 HLB 值为 15.5，因此该处方为 O/W 型乳膏。

>> · 【临床适应证】

本品为消毒防腐药（局部抗真菌药），用于头癣、足癣及局部角质增生。

>> · 【生产工艺流程图】

水杨酸乳膏剂的生产工艺流程见图 8-2。

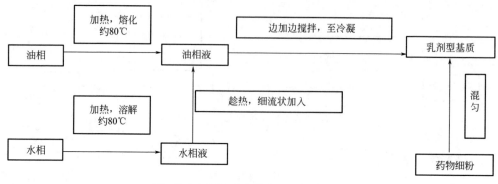

图 8-2 水杨酸乳膏剂的生产工艺流程

>>· 【制备方法】

取白凡士林、十八醇和单硬脂酸甘油酯置于烧杯中，水浴加热至 70～80℃ 使其熔化；将十二烷基硫酸钠、甘油、对羟基苯甲酸乙酯和计算量的蒸馏水（13ml）置另一烧杯中加热至 70～80℃ 使其溶解，在同温度下将水相以细流加到油相中，边加边搅拌至冷凝，即得 O/W 乳剂型基质。

取水杨酸细粉置于软膏板上或研钵中，分次加入制得的 O/W 乳剂型基质研匀，即得。

>>· 【主要物料】

主料有水杨酸；辅料有白凡士林、十八醇、单硬脂酸甘油酯、十二烷基硫酸钠、甘油、对羟基苯甲酸乙酯、纯化水。

>>· 【处方二】

水杨酸	1.0g	单硬脂酸甘油酯	2.0g
石蜡	2.0g	白凡士林	1.0g
液体石蜡	10.0g	山梨醇酐棕榈酸酯	0.1g
乳化剂 OP	0.1g	对羟基苯甲酸乙酯	0.02g
纯化水	5.0ml		

>>· 【处方分析】

水杨酸为主药；白凡士林、石蜡和液体石蜡为油相，可调节稠度；单硬脂酸甘油酯为弱的 W/O 型乳化剂，山梨醇酐棕榈酸酯为 W/O 型乳化剂，乳化剂 OP 为 O/W 型乳化剂；对羟基苯甲酸乙酯为防腐剂。

根据单硬脂酸甘油酯的 HLB 值为 3.8，山梨醇酐单棕榈酸酯的 HLB 值为 4.3，乳化剂 OP 的 HLB 值为 14.5，可计算出混合后乳化剂的 HLB 值为 4.3，因此该处方为 W/O 型乳膏。

>>·【临床适应证】

本品为消毒防腐药（局部抗真菌药），用于头癣、足癣及局部角质增生。

>>·【制备方法】

取锉成细末的石蜡、单硬脂酸甘油酯、白凡士林、液状石蜡、山梨醇酐单棕榈酸酯、乳化剂 OP 和对羟基苯甲酸乙酯于蒸发皿中，水浴上加热熔化并保持 80℃，细流加入同温度的水，边加边搅拌至冷凝，即得 W/O 乳剂型基质。

取水杨酸置于软膏板上或研钵中，分次加入制得的 W/O 乳剂型基质研匀，即得。

>>·【主要物料】

主料有水杨酸；辅料有单硬脂酸甘油酯、白凡士林、石蜡、液体石蜡、山梨醇酐单棕榈酸酯、乳化剂 OP、对羟基苯甲酸乙酯、纯化水。

>>·【主要生产设备】

三滚筒研磨机、真空乳化机、水浴式双向搅拌化胶罐、全自动灌装封尾机等。

设备的种类及要点	图片展示
三滚筒研磨机(图 8-3) 原理:三滚筒研磨机通过水平的三根辊筒的表面相互挤压及不同速度的摩擦而达到研磨效果 适用范围:适用于高黏度物料最有效的研磨、分散	 图 8-3　三滚筒研磨机
真空乳化机(图 8-4) 原理(均质搅拌):物料在均质锅内通过锅内的聚四氟乙烯刮板,不断产生新界面,再经过框式搅拌器的剪断、压缩、折叠,使其搅拌、混合而向下流往锅体下方的均质器处,再通过高速旋转的转子与定子之间所产生的强力剪断、冲击、乱流等过程使物料在剪切缝中被切割,迅速破碎成微粒 适用范围:大部分热稳定药物	 图 8-4　真空乳化机

续表

设备的种类及要点	图片展示
水浴式双向搅拌化胶罐(图 8-5) 原理:本系列型设备采用封闭式三层结构,水浴式热水循环加热、搅拌熔融均质机制 适用范围:适用于遇热稳定的药物	图 8-5　水浴式双向搅拌化胶罐
全自动灌装封尾机(图 8-6) 原理:全自动灌装封尾机可将各种糊状、膏状、黏度流体等物料顺利准确地注入软管中,并完成管内热风加热、封尾和打批号、生产日期等 适用范围:大部分热稳定药物	图 8-6　全自动灌装封尾机

>>· 【生产实训记录】

1.实训结果记录格式表(表 8-1)

表 8-1　不同水杨酸制剂实训结果记录表

项目	水杨酸软膏剂	水杨酸乳膏剂(一)	水杨酸乳膏剂(二)
均匀性(色泽和质地)			
颗粒感			
刺激性			
结论			

2.实训中间品或成品展示

(侧重于实训过程现象的记载及问题的处理)

>>· 【质量检查】

应符合《中国药典》2015 年版四部通则 0109 对软膏剂、乳膏剂的质量要求。

1. 粒度

要求：除另有规定外，混悬型软膏剂取适量供试品涂成薄层，薄层面积相当于盖玻片面积，共涂 3 片，照粒度和粒度分布法检查，均不得检出大于 $180\mu m$ 的粒子。

方法：取供试品适量，置于载玻片上涂成薄层，薄层面积相当于盖玻片面积，共涂 3 片，覆以盖玻片，轻压使颗粒分布均匀，注意防止气泡混入，立即在 $50\sim100$ 倍显微镜下检视盖玻片全部视野，应无凝聚现象，并不得检出大于 $180\mu m$ 粒子。

2. 装量：按照最低装量检查法检查，应符合规定。

3. 无菌：用于烧伤或严重创伤的软膏剂和乳膏剂按照无菌检查法检查，应符合规定。

4. 微生物限度：除另有规定外，按照微生物限度检查法检查，应符合规定。

5. 药物释放和穿透及吸收性的测定方法

（1）释放度检查法：释放度检查方法有很多，如表玻片法、渗析池法、圆盘法等。这些方法不能完全反映制剂中药物的吸收情况，但可作为企业的内控标准。表玻片法是在表玻片（直径为 50mm）与不锈钢网（18 目）之间装有一个铝塑的软膏池，可将半固体的制剂装入其中，用三个夹子将这三层固定在一起，有效释药面积为 $46cm^2$，然后采用《中国药典》中的桨法进行测定。

（2）体外试验法：包括离体皮肤法、半透膜扩散法、凝胶扩散法和微生物扩散法等，离体皮肤法与实际情况较为接近。离体皮肤法是剥离的动物皮肤固定在扩散池中，测定不同时间从供给池穿透皮肤进入接收池溶液中的药物量，以此计算药物对皮肤的渗透率。

（3）体内试验法：将制剂涂于人或动物皮肤上，一定时间后进行测定。测定方法可采用体液与组织器官中的药物含量测定法、生理反应法、放射性示踪原子法等。

>>· 【实训技能考核】

1. 实训测试简表

实训技能理论知识点测试表

序号	测试题目	测试答案（在正确的括号里打"√"）
1	软膏剂油脂性基质是？	①甲基纤维素（ ） ②卡波姆（ ） ③凡士林（ ） ④甘油明胶（ ）

续表

序号	测试题目	测试答案(在正确的括号里打"√")
2	乳膏剂的制法应采用?	①研磨法( ) ②熔融法( ) ③乳化法( ) ④分散法( )
3	软膏剂的制备方法不包括?	①熔融法( ) ②化学反应法( ) ③乳化法( ) ④研磨法( )
4	有关熔融法制备软膏剂叙述正确的有哪些?	①药物加入基质中要不断搅拌至均匀( ) ②熔融时熔点低的基质先加,熔点高的后加( ) ③冬季可适量增加基质中石蜡的用量( ) ④冷却速度不得过快( ) ⑤冷凝成膏状后应停止搅拌( )

2.实训技能考核标准

学生姓名:_____　　　　班级:_____　　　　总评分:_____

评价项目	评价指标	具体标准	分值	学生自评	小组评分	教师评分
实践操作过程评价(60%)	生产前操作(5%)	仪器设备选择	1			
		原辅料领用	1			
		仪器设备检查	1			
		清洁记录检查	1			
		清场记录检查	1			
	生产操作(40%)	物料称量±10%	5			
		混合操作(等量递加)	10			
		熔融操作	5			
		乳化反应操作	10			
		药物加入顺序	8			
		生产状态标识的更换	2			
	生产结束操作(5%)	余料处理	0.5			
		工作记录	3			
		清场操作	1			
		更衣操作	0.5			
	清洁操作(5%)	人流、物流分开	1			
		接触物料戴手套	1			
		洁净工具与容器的使用	1			
		清洁与清场效果	2			

续表

评价项目	评价指标	具体标准	分值	学生自评	小组评分	教师评分
实践操作过程评价（60%）	安全操作（5%）	操作过程人员无事故	2			
		用电操作安全	1			
		设备操作安全	2			
实践操作质量评价（30%）	产品评价（30%）	颜色均匀性	10			
		质地均匀性	10			
		有无颗粒感	10			
实践合作程度评价（10%）	个人职业素养（5%）	能正确进行一更、二更操作	3			
		不留长指甲、不戴饰品、不化妆	0.5			
		个人物品、食物不带至工作场合	0.5			
		进场到退场遵守车间管理制度	0.5			
		出现问题态度端正	0.5			
	团队合作能力（5%）	对生产环节负责态度	1			
		做主操时能安排好其他人工作	1			
		做副操时能配合主操工作	1			
		能主动协助他人工作	1			
		发现、解决问题能力	1			
总分			100			

 知识链接

软膏剂工业化生产过程介绍

1. 软膏剂配制

（1）生产前准备

① 检查操作间、工具、容器、设备等是否有清场合格标志，并核对是否在有效期内。否则按清场标准程序进行清场并经 QA 人员检查合格后，填写清场合格证，方可进入下一步操作；

② 根据要求选择适宜软膏剂配制设备，设备要有"合格"标牌、"已清洁"标牌，并对设备状况进行检查，确证设备正常，方可使用；

③ 检查水、电供应正常，开启纯化水阀放水 10 分钟；

④ 检查配制容器、用具是否清洁干燥，必要时用 75％乙醇溶液对乳化罐、油相罐、配制容器、用具进行消毒；

⑤ 根据生产指令填写领料单，从备料称量间领取原、辅料，并核对品名、批号、规格、数量、质量无误后，进行下一步操作；

⑥ 操作前检查加热、搅拌、真空是否正常，关闭油相罐、乳化罐底部阀门，

打开真空泵冷却水阀门；

⑦ 挂本次运行状态标志，进入配制操作。

（2）配制操作

① 配制油相：加入油相基质，控制温度在70℃。待油相开始熔化时，开动搅拌至完全熔化；

② 配制水相：将水相基质投入处方量的纯化水中，加热搅拌，使溶解完全；

③ 根据药物的性质，在配制水相、油相时或乳化操作中加入药物；

④ 乳化：保持上述油相、水相的温度，将油相、水相通过带过滤网的管路压入乳化锅中，启动搅拌器、真空泵、加热装置。乳化完全后，降温，停止搅拌，真空静置；

⑤ 静置：将乳膏静置24小时后，称重，送至灌封工序。

2. 软膏剂灌封

（1）生产前准备

① 检查操作间、工具、容器、设备等是否有清场合格标志，并核对是否在有效期内。否则按清场标准程序进行清场并经QA人员检查合格后，填写清场合格证，方可进入下一步操作；

② 根据要求选择适宜软膏剂灌封设备，设备要有"合格"标牌、"已清洁"标牌，并对设备状况进行检查，确证设备正常，方可使用；

③ 检查水、电、气供应正常；

④ 检查储油箱的液位不超过视镜的2/3，润滑油涂抹阀杆和导轴；

⑤ 用75%乙醇溶液对贮料罐、喷头、活塞、连接管等进行消毒后按从下到上的顺序安装，安装计量泵时方向要准确、扭紧，紧固螺母时用力要适宜；

⑥ 检查抛管机械手是否安装到位；

⑦ 手动调试2~3圈，保证安装、调试到位；

⑧ 检查铝管，表面应平滑光洁，内容清晰完整，光标位置正确，铝管内无异物，管帽与管嘴配合；检查合格后装机；

⑨ 装上批号板，点动灌封机，观察灌封机运转是否正常；检查密封性、光标位置和批号；

⑩ 按生产指令称取物料，复核各物料的品名、规格、数量；挂本次运行状态标志，进入操作。

（2）灌封操作

① 操作人员戴好口罩和一次性手套；

② 加料：将料液加满贮料罐，盖上盖子，生产中当贮料罐内料液不足贮料灌总容积的1/3时，必须进行加料；

③ 灌封操作：开启灌封机总电源开关；设定每小时产量、是否注药等参数，按"送管"开始进空管，通过点动设定装量合格并确认设备无异常后，正常开机；每隔10分钟检查一次密封口、批号、装量。

3.软膏剂包装

按本品包装规格要求包装,并放入1张说明书,盖上盒盖,贴封口签。

按包装指令规定的包装规格进行装箱,装满后,放入待验区。

4.检验、入库

经抽检合格后,发放填写合格证(品名、批号、规格、检查人、检查日期及包装人),放入一张合格证,用胶带封箱。再用打包机打包,成品包装应坚挺,美观整洁。入库。

质量控制点

岗位	质量监控点		控制项目	检查频次
基质准备	原料		色泽、异物及合格证	每批
称量	物料		品名、重量	每批
配制	原料		外观、黏稠度、粒度	每批
灌封	物料		密封性、软管外观、装量	每批
包装	内包	在线包装品	外观、气密性	每班
	外包	标签、说明书	印刷内容、标签和说明书使用数量、批号、有效期的打印清晰、正确	随时/每班
		装盒	数量	
		装箱	数量、产品合格证及其内容	

>>· 【常见设备的标准操作规程】

11. DSZL100乳化机标准操作规程

乳化机 SOP

目的:规范乳化机标准操作流程,确保乳化机安全正常运转。

适用范围:用于所有乳化机操作人员。

责任者:

1.车间主任、质管员,负责操作过程的监督和检查;

2.本工序负责人,负责指导操作工正确实施本规程;

3.操作工,有按本规程正确操作的责任。

操作规程:

1.开机前的准备

(1)检查压缩空气是否到位,否则气动阀将无法打开;

(2)检查自来水是否到位,是否可以进入真空泵,否则真空泵将不能工作;

(3)检查蒸汽是否到位,否则系统无法加热;

(4)检查冷冻水是否到位,否则系统无法冷却。

2.设备启动

(1)首次启动时,先将连接到控制电箱的电源合上;

(2)将电箱上的黄色主控开关旋到"ON";

(3)将电箱内的断路器合上;

(4)打开触摸屏电源锁;

(5)顺时针旋转红色急停开关,进入 PLC 开机界面;

(6)在用户登录对话框中输入用户名及密码;

(7)点确定,然后触碰画面任一部分或是按下向左的箭头进入主界面。

3.主锅操作

(1)在主界面中按"主锅控制"按钮或主锅图标进入主锅控制界面;

(2)开启视镜灯,从乳化锅视窗或按上升按钮升起锅盖,检查乳化锅内清洁;

(3)确认已清洁,触摸下降按钮降下锅盖,从视窗放入 2/3 容量的纯化水,点击参数设定按钮,进入参数设定界面,设定搅拌运行时间(一般已设定最大运行时间 999min),搅拌转速(搅拌只能正转,转速范围值为 0~65),返回主锅控制界面,按主锅正转按钮,开启搅拌;

(4)触摸主锅加热冷却按钮,进入主锅加热冷却界面,设定加热温度(一般为90℃,以工艺单为主),设定主锅排污时间,按主锅加热按钮,开始加热;

(5)主锅加热到设定温度自动停止加热,用 75% 乙醇给上料斗喷洒消毒,触摸参数设定按钮,进入参数设定界面,设定均质运行时间 1min,均质转速 3000r/min,返回主锅控制界面,触摸内循环按钮或外循环按钮,开启均质;

(6)均质运行完,触摸搅拌停止按钮,停止搅拌。触摸主锅出料按钮,打开出料阀、排污阀,排空热水,排完后触摸主锅出料按钮关闭出料口,关闭出料阀、排污阀;

(7)进入主锅加热冷却控制界面,根据工艺需要,在灌装量设定栏设定需加入的纯水量,触摸流量阀按钮给乳化锅加水,按上升按钮升起锅盖,投放其他原料,按下降按钮降下锅盖;

(8)进入参数设定界面,设定搅拌转速,根据工艺需要设定均质运行转速、时间,同时,进入主锅加热冷却界面,设定主锅需加热的最高温度,在主锅加热冷却界面触摸主锅加热按钮开启加热;

(9)主锅达到设定温度,扣上视窗口,依据工艺需要,添加油相,缓慢加入或如需均质,设定均质运行时间、转速,设定搅拌转速,触摸搅拌正转按钮启动搅拌;

(10)根据工艺需要,如需真空状态,关闭排空阀,触摸真空泵图标或真空泵打开按钮,进行抽真空(真空度-0.03MPa 以上),恒温搅拌 20min;

(11)恒温过后,进入主锅加热冷却控制界面,触摸主锅冷却按钮,进行降温;

(12)按工艺要求,冷却到某温度,停止搅拌,打开排气阀,消除真空状态,按上升按钮升起锅盖,添加营养添加剂、香料和防腐剂,触摸下降按钮降下锅盖,根据工艺需要,如需均质调整均质运行时间、转速,调节搅拌转速,触摸搅拌正转按钮启动搅拌;

(13)降温至38℃以下,取样送给质检员检验合格,然后准备出料;

(14)拆下出料管,用75%乙醇浸泡出料口5min消毒。关闭排空阀,触摸真空泵图标或真空泵打开按钮抽真空,真空度足够后触摸真空泵图标或真空泵打开按钮关闭真空泵。在真空状态下,扣上卡扣,打开排空阀,消除真空状态,然后关闭排空阀,打开上通气阀,通入过滤空气,触摸主锅出料打开出料口;

(15)出料口系上滤布,打开出料阀,打开下通气阀,出料;

(16)出完料后,关闭出料阀,关闭上、下通气阀,拆下滤布连接好出料管。然后打开排空阀消除正压状态,关闭排空阀,触摸真空泵图标或真空泵开关按钮,抽真空,达到一定真空度,关闭真空泵,拆下卡扣,放回原位。打开排空阀。消除真空状态;

(17)按照《乳化机清洗标准操作规程》对主锅清洁消毒,进行下一步生产任务;

(18)生产结束后,先关闭触摸屏电源锁,然后关闭电控箱电源。

4.油锅操作

(1)打开油锅锅盖,确认已清洁消毒(注:锅内排污按钮已关闭),投放原料,盖上锅盖。在参数设定界面,设置油锅转速。触摸油锅图标或油锅控制按钮进入油锅加热冷却控制界面,设置油锅加热温度(一般为75℃),油锅排污时间;

(2)触摸油锅搅拌按钮,启动搅拌。触摸油锅加热按钮,启动加热;

(3)油锅达到设定温度,触摸油锅搅拌按钮停止搅拌,放入进料管,主锅在真空状态下打开进料阀,油相被吸入主锅,油相剩余不多时,触摸真空泵图标或真空泵开关按钮,打开真空泵,把油相吸取干净,关闭真空泵,关闭主锅进料阀;

(4)按照《乳化机清洗标准操作规程》对油锅清洁消毒,进行下一步生产任务;

(5)生产结束后,先关闭触摸屏电源锁,然后关闭电控箱电源。

5.水锅操作

(1)打开水锅锅盖,确认已清洁消毒(注:锅内排污按钮已关闭),在参数设定界面,设置需要纯化水量,触摸流量阀按钮往水锅加水;

(2)加完纯化水,按工艺要求,投放其他原料,在参数设定界面,设置水锅转速。在水锅加热冷却控制界面,设置水锅加热温度(一般为90℃),水锅排污时间;

(3)触摸水锅搅拌按钮,启动搅拌。触摸水锅加热按钮,启动加热;

（4）水锅达到设定温度,触摸水锅搅拌按钮停止搅拌,放入进料管,主锅在真空状态下打开进料阀,水剂被吸入主锅,水剂剩余不多时,触摸真空泵图标或真空泵开关按钮,打开真空泵,把水剂吸取干净,关闭真空泵,关闭主锅进料阀;

（5）按照《乳化机清洗标准操作规程》对水锅清洁消毒,进行下一步生产任务;

（6）生产结束后,先关闭触摸屏电源锁,然后关闭电控箱电源。

6. 安全注意事项

（1）设备加热前,务必确认锅盖上方的排空阀已打开,否则会出现设备安全及人身致命安全事故;

（2）打开均质前,请先检查均质机是否通入冷却水,若没有冷却水进入应及时检修;

（3）设备运行及清洗过程,严禁将水淋至电控柜及电机上;

（4）主锅及水、油锅内无物料状态下,严禁启动,会造成机械密封烧毁;

（5）设备在真空状态下,严禁打开入孔盖,会造成人身致命伤害;

（6）设备在正压状态下,严禁打开入孔盖,会造成人身致命伤害;

（7）设备正压时,压力严禁超过 0.09MPa;

（8）乳化锅抽真空时应注意物料液面高度变化情况,避免将物料抽到真空泵内;

（9）当有紧急事故发生时,请以最快的速度按下急停开关,然后关闭总电源。

（于宗琴）

项目九　凝胶剂

>> 【实训目标】

一、知识目标

1. 掌握凝胶剂的制备方法;

2. 熟悉凝胶剂的质量检查方法;

3. 了解胶剂基质特点及适用情况。

二、能力目标

能完成水性凝胶剂的制备;会进行凝胶剂的质量评定。

任务 17　复方水杨酸凝胶剂的制备

>> 【处方】

水杨酸	300g	卡波姆-940	200g

丙二醇	1000ml	甘油	1500g
三乙醇胺	适量	乙醇	2000ml
苯甲酸	600g	纯化水	加至 10000g

》》·【处方分析】

水杨酸、苯甲酸为主药,卡波姆-940 为水性凝胶基质,甘油为保湿剂、增稠剂,三乙醇胺为中和剂(pH 调节剂),乙醇、丙二醇为溶剂,纯化水为分散介质。

》》·【临床适应证】

本品具有杀菌、抑制霉菌和软化角质层的作用,用于治疗体股癣、手足癣等。

》》·【生产工艺流程图】

复方水杨酸凝胶剂的生产工艺流程见图 9-1。

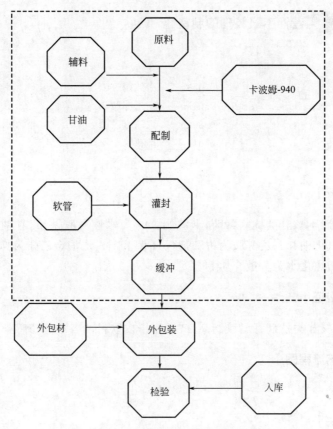

图 9-1　复方水杨酸凝胶的生产工艺流程

注:虚线框内代表 C 级或 D 级洁净生产区域。

>> 【制备方法】

称取甘油,将卡波姆-940 均匀撒于表面充分浸润后,加适量纯化水,搅匀放置过夜,使其充分溶胀,滴加三乙醇胺成透明凝胶基质,备用。另取过 60 目筛的水杨酸和苯甲酸加入丙二醇与乙醇的混合液中溶解,在 40℃ 水浴条件下将药液缓慢加入凝胶基质中,边加边搅拌,调 pH 至 6.0～7.0,加水至足量,搅匀即得。

>> 【主要物料】

水杨酸、苯甲酸、卡波姆-940、甘油、丙二醇、乙醇、三乙醇胺、纯化水、铝管等。

>> 【主要生产设备】

水浴式双向搅拌化胶罐、B·GFW-40 型自动灌装封尾机、贴标机等。

任务 18　阿昔洛韦凝胶剂的制备

>> 【处方】

阿昔洛韦	0.05kg	卡波姆-940	0.03kg
40%氢氧化钠	0.04kg	三乙醇胺	0.02kg
甘油	0.80kg	尼泊金乙酯	0.02kg
硫代硫酸钠	0.01kg	纯化水	加至 5.00L
共制	500 支		

>> 【处方分析】

阿昔洛韦属于核苷类抗病毒药,卡波姆-940 为水性凝胶基质,甘油为增稠剂、保湿剂,40%氢氧化钠和三乙醇胺为中和剂(pH 调节剂),尼泊金乙酯为抑菌剂,硫代硫酸钠为抗氧剂,纯化水为分散介质。

>> 【临床适应证】

本品属于核苷类抗病毒凝胶制剂,广泛用于皮肤科的各种疱疹感染。

>> 【生产工艺流程图】

同任务 17。

>> 【制备方法】

1.配胶

① 高分子材料溶胀、溶解:将 1.5 L 纯化水、硫代硫酸钠加入基质锅中,用 1.5 L

纯化水与卡波姆-940经胶体磨充分分散后加到基质锅中,浸润24 h后备用。

②　加入其他附加剂:在水浴式双向搅拌化胶罐内加入甘油和尼泊金乙酯搅拌10min。

③　按处方配比形成凝胶基质:再加入浸润24 h的基质,搅拌加热至110℃维持15min。

2.药物的配制:取1L纯化水加入40%氢氧化钠搅拌3min后加入主药阿昔洛韦,至完全溶解后加入三乙醇胺,搅拌3min。

3.药物与基质的均匀混合:将主药溶液加入水浴式双向搅拌化胶罐中,补足纯化水至5L,搅拌并加热至110℃,再持续15min。继续搅拌降温至40~50℃,直至细腻的乳白色凝胶形成,停止搅拌。

4.灌装:将合格的半成品抽至自动灌装封尾机中,调整10g/支的装量和速度,装量和速度稳定后,每隔10分钟随机抽查10支,检查批号、装量和密封情况。

>>·【主要物料】

阿昔洛韦、卡波姆-940、甘油、40%氢氧化钠、三乙醇胺、尼泊金乙酯、硫代硫酸钠、纯化水等。

>>·【主要生产设备】

同任务17。

>>·【生产设备】

设备的种类及要点	设备展示
水浴式双向搅拌化胶罐(图9-2) 　结构及原理:本设备采用水平传动、摆线针轮减速器减速圆锥齿轮变向,结构紧凑、传动平稳;搅拌器采用套轴双桨,由正转的两层平桨和反转的三层锚式桨组成,搅动平稳,均质效果好。罐体与胶液接触部分由不锈钢制成。罐外设有加热水套,用循环热水对罐内进行加热,稳定控制化胶温度,提高胶液质量,缩短化胶时间 　适用范围:可用于化胶、配料、真空、冷凝等生产工艺中的配套设备	 图9-2　水浴式双向搅拌化胶罐

续表

设备的种类及要点	设备展示
全自动灌装封尾机(图 9-3) 原理:通过输管机构将金属软管插入分度盘管座内,利用机械传动自动转位,光电检测,确认有管开始自动计量灌入管内,然后六对封口钳封尾,经出料机构成品输出 适用范围:适用于各种塑料软管和铝塑复合软管的灌装、封尾、切尾及日期打印。	 图 9-3　全自动灌装封尾机

>> · 【产品展示及结果记录】

(侧重于实训过程现象的记载及问题的处理)

>> · 【质量检查】

应符合凝胶剂项下的有关规定（《中国药典》2015 年版四部通则 0114）。

1.外观：凝胶剂应均匀、细腻，在常温时保持胶状，不干涸或液化。混悬型凝胶剂中胶粒应分散均匀，不应下沉、结块。

2.粒度：除另有规定外，混悬型凝胶剂照下述方法检查，应符合规定。

检查法：取供试品适量，置于玻璃片上，涂成薄层，薄层面积相当于盖玻片，共涂 3 片，按照粒度和粒度分布法（通则 0982 第一法）测定，均不得检出大于 $180\mu m$ 的粒子。

3.装量：照最低装量检查法（通则 0942）检查，应符合规定。

4.微生物限度：除另有规定外，按照微生物计数法（通则 1105）和控制菌检查法（通则 1106）及非无菌药品微生物限度标准（通则 1107）检查，应符合规定。

》》·【技能考核标准】

凝胶剂制备操作技能考核标准

学生姓名：_____　　　　班级：_____　　　　　　总评分：_____

评价项目	评价指标	具体标准	分值	学生自评	小组评分	教师评分
实践操作过程评价（70%）	生产前操作（10%）	仪器设备选择	2			
		原辅料领用	2			
		仪器设备检查	2			
		清洁记录检查	2			
		清场记录检查	2			
	生产操作（40%）	称量误差不超过±10%	3			
		设备正式生产前调试	5			
		凝胶剂制备操作	15			
		凝胶剂灌封操作	15			
		生产状态标识的更换	2			
	生产结束操作（14%）	余料处理	0.5			
		工作记录	3			
		设备清场操作	10			
		更衣操作	0.5			
	清洁与安全操作（6%）	洁净工具与容器的使用	1			
		清洁厂房	1			
		清洁与清场效果	1			
		设备安全操作	3			
实践操作质量评价（20%）	凝胶剂评价（10%）	外观	5			
		粒度	5			
	凝胶剂灌封评价（10%）	密封性	2			
		管外观	3			
		装量	3			
		成品得率	2			
实践合作程度评价（10%）	个人职业素养（5%）	能正确进行一更、二更操作	3			
		不留长指甲、不戴饰品、不化妆	0.5			
		个人物品、食物不带至工作场合	0.5			
		进场到退场遵守车间管理制度	0.5			
		出现问题态度端正	0.5			

续表

评价项目	评价指标	具体标准	分值	学生自评	小组评分	教师评分
实践合作程度评价（10%）	团队合作能力（5%）	对生产环节负责态度	1			
		做主操时能安排好其他人工作	1			
		做副操时能配合主操工作	1			
		能主动协助他人工作	1			
		发现、解决问题能力	1			
总分			100			

>>· 【常见设备的标准操作规程】

12. 水浴式双向搅拌化胶罐标准操作规程

水浴式双向搅拌化胶罐SOP

目的：规范水浴式双向搅拌化胶罐的安全生产操作。

适用范围：凝胶剂配胶岗位中设备的使用与养护。

责任：设备管理员、操作工作者、QA监督员。

内容：

一、操作规程

1. 开机前准备工作

1.1 检查操作间、容器、设备等是否有清场合格标志，并核对是否在有效期内；

1.2 根据要求选择适宜软膏剂灌封设备，设备要有"合格"标牌、"已清洁"标牌，并对设备状况进行检查，确认设备正常，方可使用；

1.3 按照批生产指令进行领料生产；

1.4 检查化胶罐及其附属设备（真空泵、冷热水循环泵、搅拌机、仪表）是否处于正常状态；化胶罐盖密封情况，开关灵敏正常；紧固件无松动，零部件齐全完好，润滑点已加油润滑，且无泄漏。

2. 开机运行

（1）化胶罐上挂"运行中"标志，标志上应具备所生产物料品名、批号、规格、生产日期及填写人签名；

（2）加热操作

① 开启循环水泵前，应先检查煮水锅水量是否足够（水位线应在视镜4/5处），如水量不足，应开启补水阀，补足水量；

② 开启循环水泵；

③ 开启蒸汽阀门，蒸汽与循环水直接接触并加热循环水。当循环水温度达到 95℃时应适当减少蒸汽阀门的开启度（以排汽口没有大量蒸汽溢出为准）；

④ 经常检查煮水锅的温度，如超出要求及时做出调整；

⑤ 经常查看化胶罐夹层入口处安装的压力表，保证化胶罐夹层压力不得超过 0.2MPa。

（3）投料

① 往罐内注入本次化胶的用水量，同时开启热水循环泵；

② 待热水循环泵启动 15 分钟后，启动搅拌桨运转搅拌；

③ 启动真空泵，利用真空管将各物料吸入化胶罐内，吸料完毕将控制阀门关闭。

（4）抽真空操作

① 当化胶罐内胶液达适宜的温度时，开启缓冲罐的冷却水阀门，然后开启真空泵，对罐内胶液进行脱泡；

② 在明胶液黏度达到要求，且气泡达最少量时，关闭真空泵；

③ 开启热水循环泵，待化胶罐内纯净水温度达适宜的温度时，开启缓冲罐的冷却水阀门。

（5）出料

3.生产完毕后关闭电源、气源。

4.清场：按《水浴式双向搅拌化胶罐的清洁标准操作规程》进行清洁。

5.填写生产、清场记录。

二、岗位操作结果评价

1.外观：本品为质地细腻，色泽均匀的半固体凝胶。

2.酸碱度：取本品 10g，置烧杯中加纯化水 50ml，加热微沸，正反方向搅拌 10min，冷却，用酸度计测定 pH 均为 6.5～7.0，符合内控要求。

（汤　洁，范高福）

模块四 ▶▶ 其他剂型

项目十 栓剂

▶▶ 【实训目标】

一、知识目标

1. 栓剂的定义、种类、特点和质量要求；
2. 栓剂不同制备方法的工艺流程及质量检查；
3. 掌握置换价的测定方法和应用。

二、能力目标

熟练掌握热熔法制备栓剂的工艺和操作要点及质量评价；熟悉栓模类型及使用；了解各类栓剂基质的特点及使用情况。

任务 19 吲哚美辛栓的制备

▶▶ 【处方】

| 吲哚美辛 | 500g | 半合成脂肪酸酯 | 适量 |
| 制成肛门栓 | 10000 枚 | | |

▶▶ 【处方分析】

吲哚美辛为主药，半合成脂肪酸酯为基质。

▶▶ 【临床适应证】

主要用于类风湿关节炎、风湿性关节炎、强直性脊柱炎、骨关节炎、痛风等疾病的止痛抗炎流程。

▶▶ 【生产工艺流程图】

吲哚美辛栓的生产工艺流程见图 10-1。

▶▶ 【制备方法】

栓剂制备方法：热熔法、冷压法。SJM 栓剂模制作栓剂采用热熔法。

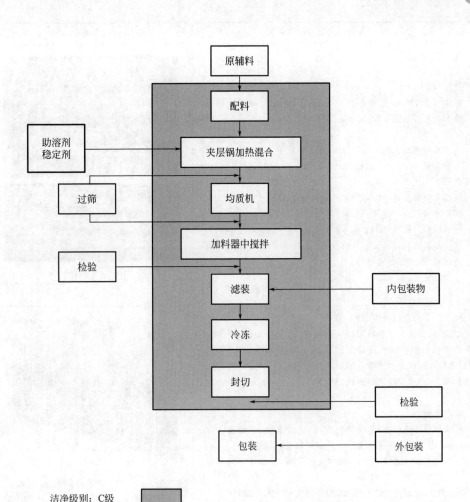

图 10-1　吲哚美辛栓的生产工艺流程

　　先将栓模洗净、擦干，用少许润滑剂涂布于模型内部。然后按药物性质以不同方法加入药物，混合均匀，倾入栓模内至稍溢出模口，放冷，待完全凝固后，用刀切去溢出部分，开启模型，将栓剂推出即可。该法适用于脂肪性基质和水溶性基质的栓剂的制备。

》· 【主要物料】

　　吲哚美辛、半合成脂肪酸酯等。

》· 【主要生产设备】

　　栓模、半自动灌封机组、全自动灌封机组等。

设备的种类及要点	设备展示
栓模(图 10-2) 1. 类型:SJM-10 子弹头型栓剂模;SJM-10 鱼雷型栓剂模;SJM-100 鱼雷型栓剂模;SJM-10 鸭嘴型栓剂模 2. 技术参数 子弹头形模具孔数:10 孔、100 孔 剂量重量:0.6g、0.7g、1g、1.2g、1.5g、1.8g、2g、2.5g、3g(学校常用 1.2g) 鱼雷形模具孔数:10 孔、100 孔 剂量重量:1g、1.5g、2g、2.5g(学校常用 1.5g) 鸭嘴形模具孔数:10 孔、100 孔 剂量重量:2g、2.5g、3g(学校常用 2g) 适用范围:大部分物料	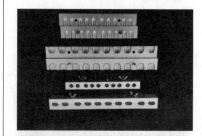  图 10-2 栓模
栓剂半自动灌封机组(图 10-3) 原理:将已配制好的药液灌入存液桶内,存液桶设有搅拌装置和恒温系统及液面观察装置,药液经由蠕动泵打入计量泵内,然后通过六个灌注嘴。同时进行灌注,并且自动进入低温定型部分,完成液-固态转化,成型后进行封口、整型及剪断成型 技术特点: 1. 采用特殊计量结构,灌注精度高,计量准确,不滴药,耐磨损,可适用于灌注黏度较大的中药制剂和明胶基质 2. 采用 PLC 可编程控制。自动化程度高,可适应不同容量,各种形状的栓剂生产 3. 配有蠕动泵连续循环系统,保证停机时药液不凝固 4. 采用加热封口和整型技术,栓剂表面光滑、平整 5. 具有打批号功能	 图 10-3 栓剂半自动灌封机组
栓剂全自动灌封机组(图 10-4) 1. 本设备生产栓剂的工艺路线为:成卷包材(PVC、PVC/PE)→预热→焊接→滚花→吹泡成形→打撕口线→切底边→灌注→冷却定型→预热→封口→打批号→齐上边→计数剪切 2. 工作原理:成卷的塑料片材(PVC、PVC/PE)经过栓剂制带机正压吹塑成形,经打撕口线、切底边后自动进入灌注工位,已搅拌均匀的药液通过高精度计量装置自动灌注到空壳内后,剪切成条后进入冷却工位,经过一定时间的低温定型,实现液态到固态的转化,变成固体栓剂。通过封口工位的预热、封上口、打批号、齐上边、计数剪切工序制成成品栓剂 适用范围:大部分物料(可制作咪康唑栓剂、制霉菌素栓剂、甲硝唑栓剂、达克林栓剂、黄体酮栓剂、中药栓剂等)	图 10-4 栓剂全自动灌封机组

》》·【相关主要仪器的设备结构及操作视频】

1. 栓剂灌封机的结构视频

https：//www.icve.com.cn/portal ＿ new/sourcematerial/edit ＿ seematerial.html？docid＝scndamoqjyhpdhomgijvw

2. 栓剂的制备与举例视频

https：//www.icve.com.cn/portal ＿ new/newweikeinfo/weikeinfo.html？weikeId＝fyjyaxiomo5pdgeosbfyza

【实训记录】

1. 实训结果记录表（表 10-1、表 10-2）

表 10-1 吲哚美辛栓剂置换价的测定

品名 \ 栓重/g	栓重 1	栓重 2	栓重 3	栓重 4	栓重 5	栓重 6	平均栓重
纯基质栓							
含药栓							

（计算置换价 DV）

表 10-2 吲哚美辛栓剂质量检查结果

品名 \ 评价指标	外观 （外表、内部）	重量/g	重量差异限度 （合格否）
吲哚美辛栓			

2. 实训过程记录

（侧重于实训过程现象的记载及问题的处理）

》》·【质量检查】

应符合栓剂项下有关的各项规定（《中国药典》2015 年版四部通则 0107）。

栓剂的一般质量要求是：药物与基质应混合均匀，栓剂外型应完整光滑；塞入腔道后应无刺激性，应能融化、软化或溶化，并与分泌液混合，逐步释放出药物，产生局部或全身作用；并应有适宜的硬度，以免在包装、贮藏或使用时变形；并应做重量差异和融变时限等多项检查。

1. 外观检查

外观应光滑、无裂缝、不起霜或变色，并应做重量差异、融变时限等项目检查。

2. 重量差异

检查法：取供试品 10 粒，精密称定总重量，求得平均粒重后，再精密称定每粒的重量，每粒的重量与平均粒重相比较（有标示粒重的中药栓剂，每粒重与标示粒重相比较），按表 10-3 中的规定，超出重量差异限度的药粒不得多出一粒，并不得超出限度一倍。

表 10-3　栓剂的重量差异限度要求

平均粒重或标示粒重	重量差异限度
1.0g 及 1.0g 以下	±10%
1.0g 以上至 3.0g	±7.5%
3.0g 以上	±5%

注：凡规定检查含量均匀度的栓剂，一般不进行重量差异的检查。

3. 融变时限（《中国药典》2015 年版四部通则 0922）

要求：测定栓剂在体温（37±1）℃下软化、熔化或溶解的时间。

检查方法：取供试品 3 粒，在室温放置 1h 后，分别在 3 个上述金属架的下层圆板上，将金属架（专用网篮）装入透明套筒（有机玻璃支撑筒）内，并用挂钩固定后，除另有规定外，将上述装置垂直浸入盛有不少于 4L 的（37.0±0.5）℃水的烧杯中，其上端位置应在水面下 90mm 处，烧杯中装有一转动器（翻转器），每隔 10min 在溶液中翻转该装置一次。

结果判定：除另有规定外，脂肪性基质的栓剂 3 粒均应在 30min 内全部融化、软化或触压时无硬芯；水溶性基质的栓剂 3 粒均应在 60min 内全部融化、软化或触压时，应另取 3 粒复试，均应符合规定。

4. 体外溶出试验与体内吸收试验

体外溶出实验：将待测栓剂置于透析管滤纸筒或适宜的微孔滤膜中，浸入盛有介质并附有搅拌器的容器中，于 37℃ 每隔一定时间取样测定，每次取样后补充适量溶出介质，使总容积不变，求出从栓剂透析至外面介质中的药物量，作为在一定条件下基质中药物溶出速度的指标。

体内吸收试验：动物试验，给药后按一定的时间间隔抽取血液或收集尿液，测定药物浓度，计算体内药动学参数，求出生物利用度。人体志愿者的体内吸收试验方法与此相同。

5. 微生物限度检查

除另有规定外，按照非无菌产品微生物限度检查：微生物计数法（通则 1105）和控制菌检查法（通则 1106）及非无菌药品微生物限度标准（通则 1107）检查，应符合规定。

任务 20 　甘油栓的制备

▶▶· 【处方】

甘油	4000g	无水碳酸钠	100g
硬脂酸	350g	纯化水	500ml
制成肛门栓	1000 枚		

▶▶· 【处方分析】

甘油为主药，硬脂酸作为硬化剂基质。

▶▶· 【临床适应证】

本品为润滑性泻药，用于便秘。

▶▶· 【生产工艺流程图】

甘油栓的生产工艺流程同任务 19。

▶▶· 【制备方法】

将 100g 无水碳酸钠用 500ml 纯化水在蒸发皿内溶解完全后，加入 4000g 甘油，再缓慢加入硬脂酸，并随加随搅，直至混合液变澄明，倒入事先已预热的栓模内，于室温下放冷，刮掉栓模表面的废弃物，取出子弹头状的甘油栓。

▶▶· 【主要物料】

甘油、无水碳酸钠、硬脂酸等。

▶▶· 【主要生产设备】

同任务 19。

▶▶· 【生产实训记录】

1.实验结果记录与计算结果（表 10-4、表 10-5）

表 10-4　甘油栓剂置换价的测定

品名 ＼ 栓重/g	栓重1	栓重 2	栓重 3	栓重 4	栓重 5	栓重 6	平均栓重
纯基质栓							
含药栓							

（计算置换价 DV）

表 10-5 甘油栓剂质量检查结果

品名 \ 评价指标	外观 (外表、内部)	重量/g	重量差异限度 (合格与否)
吲哚美辛栓			

2.实训中间品或成品展示

(侧重于实训过程现象的记载及问题的处理)

▶▶·【质量检查】

应符合栓剂项下有关的各项规定（《中国药典》2015 年版四部通则 0107）。同任务 19。

▶▶·【实训技能考核】

1.实训测试简表

实训技能理论知识点测试表

序号	测试题目	测试答案(在正确的括号里打"√")
1	属于栓剂水溶性基质的是	①可可豆酯( ) ②甘油明胶( ) ③半合成脂肪酸甘油酯( ) ④羊毛脂( )
2	全身应用的栓剂在应用时,塞入距肛门多少为宜?	①2cm( ) ②4cm( ) ③6cm( ) ④8cm( )
3	栓剂的制备方法有哪些?	①滴制法( ) ②冷压法( ) ③热熔法( ) ④溶解法( )
4	栓剂的质量检查说法正确的有哪些?	①药物与基质应混合均匀,外形应完整光滑( ) ②栓剂重量在 1.0g 以上至 3.0g 之间的,重量差异限度为±5%( )

2.目标检测题

(1) 栓剂组成成分及配制方法有哪些,临床上应用特点是什么?

（2）栓剂制备过程中容易出现哪些问题，试分析其原因及对策。

 知识链接

置换价的计算

目的：确定栓剂制备中基质的用量。

定义：药物的重量与同体积基质重量的比值称为该药物对基质的置换价。

实验操作：用空白基质制备空白栓剂，得到置换价和制备吲哚美辛栓所需要的基质量。

$$DV = \frac{W}{G - (M - W)}$$

式中，G 为纯基质平均栓重；M 为含药栓的平均重量；W 为每个栓剂的平均含药重量。

用测定的置换值可以方便地计算出该种含药栓所需基质的重量 X：

$$X = \left(G - \frac{Y}{DV}\right) \times n$$

式中，G 为纯基质平均栓重；Y 为处方中药物的剂量；n 为拟制备栓剂枚数。

（1）纯基质栓的制备：取半合成的脂肪酸酯，置蒸发皿内，移至水浴上加热融化后，注入涂有润滑剂的栓模中，冷却后削去溢出部分，脱模，得完整的纯基质栓剂枚数，用纸擦去栓剂外的润滑剂，求出每枚栓剂的平均重量（G）。

（2）含药栓的制备：称取研细的吲哚美辛，另取半合成脂肪酸酯置蒸发皿内，移至水浴上加热融化后，注入涂有润滑剂的栓模中，用冰水浴迅速冷却固化，削去溢出部分，脱模，得完整的纯基质栓剂枚数，用纸擦去栓剂外的润滑剂，求出每枚栓剂的平均重量（M）。

（3）置换价的计算：将上述得到的数值带入计算公式中，得到吲哚美辛的半合成脂肪酸酯的置换价。

栓剂相关知识

（1）栓剂药物的加入方法

① 不溶性药物，一般应粉碎成细粉，再与基质混匀；

② 油溶性药物，可直接溶解于已熔化的油脂性基质中；

③ 水溶性药物，可直接与已熔化的水溶性基质混匀；或用适量羊毛脂吸收后，与油脂性基质混匀。

（2）润滑剂：栓剂模孔需用润滑剂润滑，以便于冷凝后取出栓剂。常用的有两类。

① 油脂性基质的栓剂常用肥皂、甘油各 1 份与 90% 乙醇 5 份制成的醇溶液。

② 水溶性或亲水性基质的栓剂常用油性润滑剂，如液状石蜡、植物油等。

>>> **【技能考核标准】**

栓剂的制备操作技能考核标准

学生姓名：＿＿＿＿＿＿　　　　　班级：＿＿＿＿＿　　　　　总评分：＿＿＿＿＿

评价项目	评价指标	具体标准	分值	学生自评	小组评分	教师评分
实践操作过程评价（60%）	生产前操作（5%）	仪器设备选择	1			
		原辅料领用	1			
		仪器设备检查	1			
		清洁记录检查	1			
		清场记录检查	1			
	生产操作（40%）	称量误差不超过±10%	5			
		模具的合理选择和处理	4			
		原材料的加热混合操作	5			
		倒模操作	6			
		成膜操作	6			
		冷却操作	6			
		切封操作	6			
		生产状态标识的更换	2			
	生产结束操作（5%）	模具和废弃物处理	1			
		工作记录	2.5			
		清场操作	1			
		更衣操作	0.5			
	清洁操作（5%）	人流、物流分开	1			
		接触物料戴手套	1			
		洁净工具与容器的使用	1			
		清洁与清场效果	2			
	安全操作（5%）	操作过程人员无事故	2			
		用电操作安全	1			
		设备操作安全	2			
实践操作质量评价（30%）	栓剂评价（30%）	外形光滑完整	4			
		颜色应均匀(有色物料)	4			
		硬度适宜	4			
		大小均匀	4			
		融化或软化或溶化效果好	4			
		重量差异	4			
		成品得率	6			

续表

评价项目	评价指标	具体标准	分值	学生自评	小组评分	教师评分
实践合作程度评价（10%）	个人职业素养（5%）	能正确进行一更、二更操作	2			
		不留长指甲、不戴饰品、不化妆	0.5			
		个人物品、食物不带至工作场合	0.5			
		进场到退场遵守车间管理制度	1			
		出现问题态度端正	1			
	团队合作能力（5%）	对生产环节负责态度	1			
		做主操时能安排好其他人工作	1			
		做副操时能配合主操工作	1			
		能主动协助他人工作	1			
		发现、解决问题能力	1			
总分			100			

>> ·【常见设备的标准操作规程】

13.栓剂栓模标准操作规程

栓剂栓模 SOP

- -

目的：规范栓剂模的使用。

适用范围：栓剂。

责任者：

1.车间主任、质管员，负责操作过程的监督和检查；

2.本工序负责人，负责指导操作工正确实施本规程；

3.操作工，有按本规程正确操作的责任。

操作规程：

一、操作步骤

1.称量及预处理

从质量审核批准的供货单位订购原辅材料。原辅材料须经检验合格后方可使用。原辅材料供应商变更时通过小样试验，必要时要进行验证。

原辅料应在称量室称量，其环境的空气洁净度级别应与配制间一致，并有捕尘和防止交叉污染的措施。

称量用的天平、磅秤应定期由计量部门专人校验，做好校验记录，并在已校验的衡器上贴上检定合格证，每次使用前应由操作人员进行校正。

2.配料

配料人员应按生产指令书核对原辅料品名、批号、数量等情况，并在核料单上签字；原辅料称量过程中的计算及投料，应实行复核制度，操作人、复核人均应在原始记录上签字。基质融化时应水浴加热，水温不宜过高，如水温过高，基质颜色会逐渐加深。混合药液时一定要保证充分搅拌时间，且要搅拌均匀，保证原辅料充分混合。配好的药液应装在清洁容器里，在容器外标明品名、批号、日期、重量及操作者姓名。

3.灌装

应使用已验证的清洁程序对灌装机上贮存药液的容器及附件进行清洁。灌装前须检查栓剂壳有无损伤，数量是否齐全。灌装前应小试一下，检查栓剂的装量、封切等符合要求后才能开始灌装，开机后应定时抽样检查装量，灌装量不得超过栓剂壳上部封切边缘线。配好的药液应过滤后再加到灌装机加料器中，盛药液的容器应密闭。

4.冷冻

打开冷冻主机开关，观察承料盘旋转台是否正常运转。

设定好冷冻温度，开机后检查设定的冷冻温度是否有变化。

5.封切

在温度控制仪上设定好热封温度，生产时温度应适当调整。

通过旋转热封装置后部的调整螺钉调节压力，保证完整密封，又不过分压紧。

切口的高度应调整到合适的位置，推片机构应调整适当，以保证每次推进栓剂时，切刀剪切的位置处于两栓剂粒的正中间。封切前一定要检查批号是否正确。通过计数器设定好剪切的数量，设定后切刀即按设定的数量将栓剂壳带自动剪断。封切完后将合格栓剂转入中转站，将检出的不合格品及时分类记录，标明品名、规格、批号，置容器中将交专人处理。

6.清场

生产结束后做好清场工作，先将灌装机上搅拌桨卸下清洗干净，用纯化水冲洗两遍。将灌装机走带轨道全部卸下清洗干净。清场记录和清场合格证应纳入批生产记录，清场合格后应挂标示牌。

7.生产记录

各工序应即时填写生产记录，并由车间质量管理及时按批汇总，审核后交质量管理部放入批档案，以便由质量部门专人进行批成品质量审核及评估，符合要求者出具成品检验合格证书，放行出厂。

二、注意事项及维护保养

1.栓剂模必须放在平坦的桌面或地面上进行操作。

2.操作时将螺丝拧紧后再进行操作，以免出现栓剂重量差异。

3.栓剂模操作后不能直接用水进行清洗。

4.栓剂模应保存在干燥通风、清洁的地方。

5.模具不能放在阳光下进行操作、存放。

6.模具不能放在潮湿、带有腐蚀性气体的环境中。

7.栓剂制作完成后，可将装有栓剂的栓剂模放入冰箱里面进行冷却。

三、操作结果的评价

1.检查栓剂外观，应符合要求

2.操作过程复合与控制

3.操作过程使用的物品、设备、器具

物品	原辅料
设备	栓模，灌封机
器具	接料车、不锈钢桶、电子秤、干燥车、不锈钢盘

（龚菊梅）

项目十一　气雾剂

>>· 【实训目标】

一、知识目标

1.气雾剂的定义、组成、特点和质量要求；

2.气雾剂制备的工艺流程及质量检查。

二、能力目标

熟练掌握制备气雾剂的工艺流程；熟悉气雾剂生产设备的使用方法。

任务21　硫酸沙丁胺醇气雾剂的制备

>>· 【处方】

硫酸沙丁胺醇	24.4g	卵磷脂	4.8g
无水乙醇	1.2kg	四氟乙烷	16.5kg
制成	1000 支		

▶▶ 【处方分析】

硫酸沙丁胺醇为主药，卵磷脂为表面活性剂，无水乙醇为分散剂，四氟乙烷为抛射剂。

▶▶ 【临床适应证】

平喘，适用于防治支气管哮喘、喘息性支气管炎及肺气肿患者的支气管痉挛等。

▶▶ 【生产工艺流程图】

硫酸沙丁胺醇气雾剂的生产工艺流程见图 11-1。

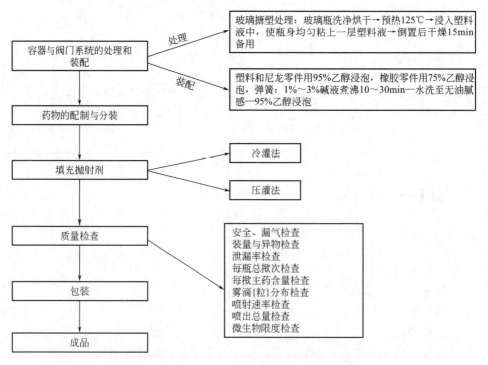

图 11-1　硫酸沙丁胺醇气雾剂的生产工艺流程

▶▶ 【制备工艺】

原料药微粉化：将硫酸沙丁胺醇粉碎至 $7\mu m$ 以下。

称量：称取处方量的硫酸沙丁胺醇、卵磷脂、无水乙醇。

表面活性剂溶解：先取处方量 2/3 的无水乙醇，加入处方量的卵磷脂，高剪切均质机下均质搅拌 20min。

药液配制：将上液加入处方量的硫酸沙丁胺醇，高剪切均质机下搅拌 30min；

补充剩余的无水乙醇至全量，继续搅拌 20min 后，开循环泵，循环 15min。

灌装扎阀，充抛射剂四氟乙烷，检漏称重。

包装：安装助动器（罩壳）。

➤➤ 【主要物料】

硫酸沙丁胺醇、卵磷脂、无水乙醇、四氟乙烷。

➤➤ 【生产设备】

高剪切均质机、气雾剂灌装机。

设备的种类及要点	设备展示
高剪切均质机(图 11-2) 原理(超剪切)：高剪切均质机基于超剪切原理，实现固相的微化和液相的乳化，其均质乳化有以下几个方面：①液力剪切作用；②高频压力波作用；③机械撞击、剪切作用 适用范围：液体制剂的混匀	 图 11-2　高剪切均质机
气雾剂灌装机(图 11-3) 原理(灌液机和灌气机)：因为气雾剂产品内有压力的特殊原因，所以灌装分为灌液机和灌气机。灌液机在常温常压下把定量液体灌入气雾罐内；灌气机是把定量的、有一定压力的气体(或液化气体)灌入气雾罐内。又因为气雾产品要有一定的压力，所以在充气之前必须封闭气雾罐口，灌气机是通过气雾罐顶阀门口把气灌入的 适用范围：气雾剂的灌装	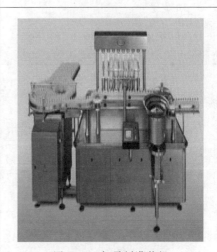 图 11-3　气雾剂灌装机

》》·【相关主要仪器的设备结构及操作视频】

1. 气雾剂灌封生产线结构和工作原理视频

https：//www. icve. com. cn/portal ＿ new/sourcematerial/edit ＿ seematerial. html? docid＝4zk9axqojoznaelhdyh4ja

2. 气雾剂的正确使用视频

https：//www. icve. com. cn/portal ＿ new/sourcematerial/edit ＿ seematerial. html? docid＝gpuiaueon7dk4ksn-2endw

》》·【生产实训记录】

1. 实验结果记录（表 11-1）

表 11-1　硫酸沙丁胺醇气雾剂实验结果

项目	硫酸沙丁胺醇气雾剂
性状	
有关物质检查	
剂量均一性	
微细粒子剂量	
泄漏率	

2. 实训中间品或产品展示

（侧重于实训过程现象的记载及问题的处理）

》》·【质量检查】

应符合硫酸沙丁胺醇气雾剂项下有关的各项规定（《中国药典》2015 年版二部正文）。

1. 性状：本品在耐压容器中的药液为白色或类白色混悬液。

2. 鉴别

（1）取本品 1 瓶，在铝盖上钻一小孔，插入注射针头（勿与液面接触），待抛射剂气化挥尽后，除去铝盖，加纯化水 10ml 溶解，滤过，取续滤液适量（约相当于沙丁胺醇 5mg），加 0.4％硼砂溶液 10ml、3％ 4-氨基安替比林溶液 0.5ml 与 2％铁氰化钾溶液 0.5ml，加三氯甲烷 5ml 振摇，放置使分层，三氯甲烷层显橙红色。

（2）取本品 1 瓶，在铝盖上钻一小孔，插入注射针头（勿与液面接触），待抛射剂气化挥尽后，除去铝盖，加无水乙醇适量，混匀并滤过，滤渣用无水乙醇50ml洗涤 3 次后，在 80℃ 干燥 2 小时，其红外光吸收图谱应与对照图谱（光谱集486 图）一致。

（3）在含量测定项下记录的色谱图中，供试品溶液主峰的保留时间应与对照品溶液主峰的保留时间一致。

（4）鉴别：续滤液显硫酸盐的鉴别反应（通则 0301）。

3.检查

取有关物质项下的供试品溶液作为供试品溶液；另取沙丁胺酮对照品适量，精密称定，加水溶解并定量稀释制成每 1ml 中约含 2.0μg 的溶液，作为对照品溶液。照高效液相色谱法（通则 0512）试验，用辛烷基硅烷键合硅胶为填充剂；以异丙醇－0.1mol/L 醋酸铵缓冲液（pH 4.5）（1.5：98.5）为流动相 A，异丙醇为流动相 B，按表 11-2 进行线性梯度洗脱；检测波长为 276nm。精密量取供试品溶液与对照品溶液各 20μL，分别注入液相色谱仪，记录色谱图。供试品溶液色谱图中如有与沙丁胺酮保留时间一致的色谱峰，按外标法以峰面积计算，不得过标示量的 0.5%。

表 11-2　线性梯度洗脱

时间/分钟	流动相 A/%	流动相 B/%
0	100	0
5	100	0
20	86	14
30	86	14

4.有关物质

取本品 1 瓶，用乙醇将表面淋洗干净，冷冻 10 分钟，取出，在铝盖上钻一小孔，插入注射针头（勿与液面接触），放至室温，待抛射剂气化挥尽后，除去铝盖，加流动相分次洗涤，合并洗液至 50ml 量瓶中，用流动相稀释至刻度，摇匀，作为供试品溶液；精密量取 1ml，置 100ml 量瓶中，用流动相稀释至刻度，摇匀，作为对照溶液；另取硫酸特布他林与硫酸沙丁胺醇适量，加流动相溶解并稀释制成每1ml 中各约含 0.2mg 的溶液，作为系统适用性溶液。照高效液相色谱法（通则0512）试验，用辛烷基硅烷键合硅胶为填充剂；以庚烷磺酸钠溶液［取庚烷磺酸钠2.87g 与磷酸二氢钾 2.5g，加水溶解并稀释至 1000ml，用磷酸溶液（1→2）调节pH 值至 3.65］-乙腈（78：22）为流动相；检测波长为 220nm。沙丁胺醇峰与特布他林峰的分离度应符合要求。精密量取供试品溶液与对照溶液各 20μL，分别注入液相色谱仪，记录色谱图至主成分峰保留时间的 25 倍。供试品溶液色谱图中如有杂质峰，单个杂质峰面积不得大于对照溶液主峰面积的 0.5 倍（0.5%），各杂质峰面积的和不得大于对照溶液主峰面积的 1 倍（1.0%）。

5.递送剂量均一性

取本品，依法操作（通则 0111），用流动相作为淋洗液，合并洗液至 100ml 量瓶中，用流动相稀释至刻度，摇匀，即得第 2 揿的供试品溶液，同法制备第 3、第 4、第 101、第 102、第 103、第 104、第 198、第 199 与第 200 揿的供试品溶液，弃去其余各揿。每次揿射前振摇 5 秒另取硫酸沙丁胺醇对照品适量，精密称定，加流动相溶解并定量稀释制成每 1ml 中约含 1µg 的溶液，作为对照品溶液。精密量取供试品溶液与对照品溶液各 20µL，照含量测定项下的方法测定，分别计算上述 10 揿供试品的含量。含量的平均值应为 70～100µg，递送剂量均一性应符合规定。

6.微细粒子剂量

按照吸入制剂微细粒子空气动力学特性测定法（通则 0951）测定，下层锥形瓶中加流动相 30ml 作为吸收液，上层锥形瓶中加流动相 7ml 作为吸收液。取本品，充分振摇，试揿 5 次，揿射 10 次（注意每揿间隔 5 秒并缓缓振摇），用流动相适量清洗规定部件，合并洗液与下层锥形瓶中的吸收液，置 50ml 量瓶中，用流动相稀释至刻度，摇匀，作为供试品溶液；另取硫酸沙丁胺醇对照品适量，精密称定，加流动相溶解并定量稀释制成每 1ml 中约含 8.4µg 的溶液，作为对照品溶液。精密量取供试品溶液与对照品溶液各 20µL，照含量测定项下的方法测定，微细粒子药物量应不得低于每揿标示量的 35%。

7.泄漏率

取本品 12 瓶，去除外包装，用乙醇将表面清洗干净，室温垂直放置 24 小时，分别精密称定重量（W_1），再在室温放置 72 小时（精确至 30 分钟），分别精密称定重量（W_2）置 2～8℃冷却后，迅速在铝盖上钻一小孔，放置至室温，待抛射剂完全气化挥尽后，将瓶与阀分离，用乙醇洗净，干燥，分别精密称定重量（W_3），按下式计算每瓶年泄漏率。平均年泄漏率应小于 3.5%，并不得有 1 瓶大于 5%。

$$年泄漏率＝365×24×(W_1-W_2)/[72×(W_1-W_3)]×100\%$$

任务 22　滴霉净气雾剂的制备

【处方】

大蒜油	10ml	十二烷基硫酸钠	20g
聚山梨酯 80	30g	油酸山梨酯	35g
二氯二氟甲烷（F12）	962.5g	甘油	250ml
纯化水	加至 1400ml	制成	175 瓶

【处方分析】

大蒜油为主药，十二烷基硫酸钠和聚山梨酯 80 为 O/W 型乳化剂，油酸山梨酯为辅助乳化剂，甘油为水相（保湿剂），二氯二氟甲烷为抛射剂。

>> **【临床适应证】**

治疗滴虫性和霉菌性阴道炎症等。

>> **【生产工艺流程图】**

同任务 21。

>> **【制备方法】**

将大蒜素（油）与乳化剂等混合均匀，在搅拌等条件下加水乳化，分装于耐压容器中，安装阀门后每瓶压入 5.5g F12 即得。

>> **【主要物料】**

大蒜油、十二烷基硫酸钠、聚山梨酯 80、油酸山梨酯、甘油。

>> **【主要生产设备】**

同任务 21。

>> **【生产实训记录】**

1. 实验结果记录（表 11-3）

表 11-3　滴霉净气雾剂实验结果

项目	滴霉净气雾剂
性状	
有关物质检查	
剂量均一性	
微细粒子剂量	
泄漏率	

2. 实训中间品或产品展示

（侧重于实训过程现象的记载及问题的处理）

>> **【质量检查】**

滴霉净气雾剂检查项目与沙丁胺醇气雾剂相似，详见任务 21。

>>· 【实训技能考核】

1.实训测试简表

实训技能理论知识点测试表

序号	测试题目	测试答案(在正确的括号里打"√")
1	与气雾剂雾粒大小无关的因素有哪些?	①抛射剂类型(　) ②抛射剂用量(　) ③抛射剂压力(　) ④药物(　) ⑤附加剂(　)
2	《中国药典》2015年版规定气雾剂的质量检查包括?	①泄漏和爆破检查(　) ②每瓶总撤次,每撤主药含量(　) ③微生物限度(　) ④喷射速率、喷出总量(　) ⑤无菌检查(　)
3	可制成气雾剂的药物有哪些?	①抗组胺药(　) ②支气管扩张药(　) ③心血管药(　) ④抗生素(　) ⑤解痉药(　)

2.目标检测题

(1)设计溶剂型、乳剂型和混悬型气雾剂应注意什么问题?选用附加剂的基本原则是什么?

(2)气雾剂的一般制备流程是什么?抛射剂的两种填充方法各有什么特点和不足?

>>· 【常见设备的标准操作规程】

14.高剪切均质机标准操作规程

SY-20型高剪切均质机操作SOP

目的:规范气雾剂液体的操作。

适用范围:气雾剂液体的制备。

责任者:

1.车间主任、质管员,负责操作过程的监督和检查;

2.本工序负责人,负责指导操作工正确实施本规程;

3.操作工,有按本规程正确操作的责任。

操作规程:

一、操作方法

1.闭合电源开关,这时显示为原始转速值(上次运行速度)。

2.按SET显示F-01表示进入定时设定。

再按SET键进入设定。

按▲▼显示1表示设定成定时运行。

如显示0表示设置成不定时(常开)运行。

3.再按SET确认(应有滴声响)。

4.按▶退出(显示F-01)。

5.按▲显示F-02表示进入时长设定。

按SET显示原始时长值(上次定时时长)。

按▲▼显示数字大小变化最后选择0.5(最小分辨率为0.1小时,即6分钟)。

按SET确认(应有滴声响)。表示定时0.5小时被确认。

6.再按▶两次退出设定,显示原始速度值。

按▲▼设定转速为60(实际转速应乘以100)。

7.按RUN启动,机器即可缓缓启动直到6000转/分钟,然后稳定运行0.5小时后停止并报警10秒提示。表示定时运行完毕。

8.按STOP可以随时停止运行。

9.速度设定可以在停止状态按▲▼设定。

10.RUN为运行灯,STOP为停止灯。相应指示灯亮表示控制器为相应状态。

二、操作过程注意事项

1.仪器使用完毕后要清洗剪切头。

2.仪器必须有良好接地线。

3.设备要小心轻放,不允许有剧烈震动。

4.定期检查紧固连接螺栓。

5.在检修及更换转子的过程中应用专用工夹具,切忌用力打击。

6.轴套为易损件,其材料可以根据用户的物料性质,有铜、聚四氟乙烯等可供选择。轴套的磨损情况应该经常检查,确保转子和定子不碰为宜。

三、操作过程使用的物品、设备、器具

物品	原辅料(主药、表面活性剂、分散剂)
设备	高剪切均质机、循环泵
器具	物料接收容器(不锈钢桶)、电子秤

四、操作异常情况处理

当匀质机运行出现异常噪声或振动时,必须立即停机,排除故障后,方可使用。

15. 气雾剂灌装机标准操作规程

（FZH）DLG-气雾剂灌封机 SOP

目的：规范气雾剂灌封机操作。

范围：（FZH）DLG-气雾剂灌封机。

术语或定义：N/A 气雾剂灌装机适用于安瓿瓶、口服液、西林瓶、塑料瓶等各种药液灌装。本机电动活塞式，灌装量 0.2～10ml 可调，灌装速度可调，计量准确，

职责：设备管理员、操作工、QA 监督员。

内容：

一、开机前准备工作

1. 查验清场是否合格，人流、物流通道要畅通无阻，现场杂物清理干净。

2. 查看、准备本岗位所需的工器具是否齐全。

3. 核对原辅料名称、规格、合格证。

4. 检查各机械部分、电器按钮、气液形状各部分是否正常。

5. 接通电源，启动各系统操作控制按钮，检查各部分运行是否正常。

6. 按工艺规定调整供气供液开关，并关好料门。

二、开机运行

1. 机器工作前必须将地线良好接地，再根据不同分装量选择合适的标准注射器。一般分装范围为 0.2～1ml 时采用 1ml 注射器；1～5ml 时采用 5ml 注射器；5～10ml 时采用 10ml 注射器；20ml 机型，使用 20ml 玻璃灌肠器；100ml 机型，使用 100ml 玻璃灌肠器（亦可使用本厂生产的专用不锈钢灌装系统）；500ml 机型，使用本厂生产的专用不锈钢灌装系统。

2. （FZH）DLG-10ml、20ml、100ml 机型按所示，将注射器内芯拔出，把螺套套于注射器内芯上（注：10ml 机型由于注射器直径差别大，还需按其外圆大小选取垫片）并用螺套，将其和下底座适当紧固（拆装注射器必须注意清洁）。

3. 将上卡箍座套于注射器外套出水口端，将两边螺母适当拧紧（用 5ml 注射器时将衬套一并套上拧紧，注意拧得太紧，外套管易碎）。注：10ml 机型有调节套，20ml 机型、100ml 机型、500ml 机型没有。

4. 将装好的注射器内芯、外套装配成一体，至此注液系统装配完毕。

5. 将阀门箭头朝上，箭头标记朝外用螺母固定于固定螺钉上。

6. 将装配完整的注液系统，将注液系统组件上、下圆孔，分别对准上、下固定杆，套于轴承上，并使其外端面和轴承面相平。下端装配时，切勿使螺套

和曲柄相碰，以防上曲柄旋转时发出不正常响声（正确安装时螺套与曲柄间相隔约 1mm），注液系统正确安装后，紧固上、下紧定螺钉。用短胶管将注射器和阀门连接嘴相接。进液管道接进水口，出液管道接出水口。为防止进出液管缠绕，将进出液管卡入机壳侧支耳口内。

7. 用手拨动曲柄，应能自由转动，否则装配错误，应检查注液系统是否紧固于转动轴承之上，正确安装即可。

（龚菊梅）

模块五 ▶▶ 灭菌制剂与无菌制剂

项目十二　输液剂

▶▶·【实训目标】

一、知识目标

1. 掌握输液剂的概念、分类和输液剂的制备生产工艺；
2. 熟悉输液剂生产过程中容易出现的问题及解决方法；
3. 了解无菌操作室的洁净处理、空气灭菌和无菌操作的要求和操作方法。

二、能力目标

掌握输液剂的配制、滤过、灌封、灭菌等基本操作；掌握全自动胶塞清洗机、灌封机的标准操作规程；了解相关设备的基本构造，并做好清洁养护工作。

任务 23　10%葡萄糖注射液的制备

▶▶·【处方】

注射用葡萄糖	100kg	注射用水	1000L
活性炭	适量	盐酸	适量

▶▶·【处方分析】

葡萄糖为主药，盐酸为 pH 调节剂，活性炭起脱色、吸附杂质、除热原作用，注射用水为溶剂。

▶▶·【临床适应证】

葡萄糖注射液作补充体液、营养、强心、利尿、解毒的作用，用于大量失水、血糖过低、高热、中毒等症的纠正。

▶▶·【生产工艺流程图】

10%葡萄糖注射液的生产工艺流程见图 12-1。

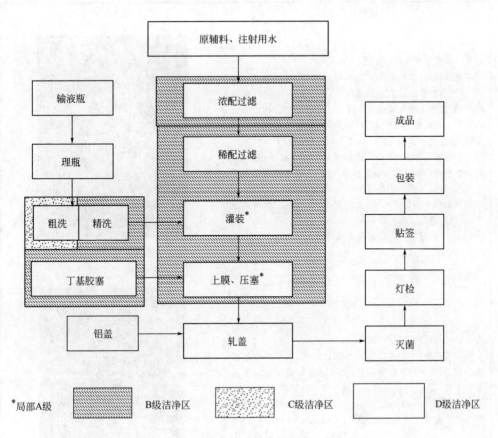

图 12-1　10％葡萄糖注射液的生产工艺流程

》·【制备方法】

按处方量将葡萄糖投入煮沸的注射用水内，使成 50％～70％的浓溶液，加盐酸适量，同时加浓溶液量的 0.1％（g/ml）活性炭，混匀，加热煮沸约 20 分钟，趁热过滤脱炭。滤液加注射用水稀释至所需量，测定 pH 及含量合格后，滤过，灌装，封口，115.5℃、68.7kPa、30 分钟热压灭菌。

》·【主要物料】

注射用葡萄糖、盐酸、注射用水、针用活性炭、丁基胶塞、铝盖、标签等。

》·【主要生产设备】

全自动胶塞清洗机、QJB16 型全自动超声波洗瓶机、旋转式灌装压塞机、轧盖机、贴标机等。

设备的种类及要点	设备展示
全自动胶塞清洗机(图 12-2) 结构及原理:①胶塞由真空吸料装置吸入;启动主传动轴,清洗桶按顺时针方向慢速转动,胶塞在清洗桶内翻滚搅拌;开启中心喷淋管进行冲洗,然后开启进水阀,使清洗箱内的水充满至上水位,再开启循环水泵;胶塞处于强力喷淋、慢速翻滚和超声波清洗等多项功能作用下被清洗干净。如有硅化处理,则先从硅油加料口加入硅油,加热硅化处理后再放水。②清洗液排放净后,向清洗箱内喷洒热压蒸汽,进行灭菌。③灭菌处理后,先进行抽真空干燥,并以热风加热再抽真空干燥,重复数次,使胶塞的含水量合格后,便可进行常压化处理和出料 适用范围:胶塞的清洁灭菌干燥的操作	 图 12-2　全自动胶塞清洗机
全自动超声波洗瓶机(图 12-3) 结构及原理:本设备独特的水密封结构,将超声波的粗洗和水、气高压精洗完全隔开,并根据实际需要设定水压及冲水时间保证玻璃输液瓶的洁净度达到要求 适用范围:专供 50ml、100ml、250ml、500ml 的 A 型和 B 型玻璃输液瓶在灌装之前进行外表、内腔清洗用	 图 12-3　全自动超声波洗瓶机
旋转式灌装压塞机(图 12-4) 结构及原理:本设备采用气动隔膜常压定时灌装方式,触摸屏调整的精度可到 1/100 秒,计量准确;灌装过程中无机械摩擦,不产生微粒;灌装、冲氮可同步进行,保证了药品质量;采用瓶口定位装置,对中性好,压塞合格率高;智能联动,如遇输瓶轨道堆瓶、缺瓶可自动加减速 适用范围:大输液等液体的灌装	 图 12-4　旋转式灌装压塞机

续表

设备的种类及要点	设备展示
轧盖机(图 12-5) 　结构及原理:采用大容量电磁振荡斗理盖,送盖速度快;落盖后压盖规正,瓶口定位对中,三刀滚压轧盖,双变频控制,封口质量好 　适用范围:50～500ml 玻璃瓶的轧盖,可自动完成理盖、取盖、压盖、轧盖封口	 图 12-5　轧盖机

【相关主要仪器设备结构及操作视频】

1. 输液剂的容器处理操作视频（外洗、粗洗、精洗）

https：//www.icve.com.cn/portal _ new/sourcematerial/edit _ seematerial. html? docid＝uolakupiitcpkpfm1h1ha

2. 输液剂的配液与过滤岗位操作视频（浓配法、三级过滤）

https：//www.icve.com.cn/portal _ new/sourcematerial/edit _ seematerial. html? docid＝gqwgakupnyblzwps1en9tg

3. 输液剂的灌封岗位操作视频（旋转式灌装压塞机、轧盖机）

https：//www.icve.com.cn/portal _ new/sourcematerial/edit _ seematerial. html? docid＝oom5akup871gswt71pn2kg

4. 输液剂的质量检测岗位操作视频（可见异物、无菌检查、热原检查法等）

https：//www.icve.com.cn/portal _ new/sourcematerial/edit _ seematerial. html? docid＝q8gyakupnixfobp8uhl8ea

【生产实训记录】

1. 实训结果记录格式表（表 12-1）

表 12-1　10％葡萄糖输液质量检查结果记录表

项目	10％葡萄糖注射液
装量	
无菌	
细菌内毒素	
可见异物	
渗透压摩尔浓度	

续表

项目	10%葡萄糖注射液
不溶性微粒	
结论	

2.实训中间品或成品展示

> (侧重于实训过程现象的记载及问题的处理)

>>· 【质量检查】

应符合输液剂项下的有关规定（《中国药典》2015 年版四部通则 0102）。

1.装量：标示装量为 50ml 以上的注射液及注射用浓溶液照最低装量检查法（通则 0942）检查，应符合规定。

2.渗透压摩尔浓度：除另有规定外，静脉输液及椎管注射用注射液按各品种项下的规定，按照渗透压摩尔浓度测定法（通则 0632）测定，应符合规定。

3.无菌：按照无菌检查法（通则 1101）检查，应符合规定。

4.细菌内毒素或热原：除另有规定外，静脉用注射剂按各品种项下的规定，按照细菌内毒素检查法（通则 1143）或热原检查法（通则 1142）检查，应符合规定。

5.可见异物：除另有规定外，按照可见异物检查法（通则 0904）检查，应符合规定。

6.不溶性微粒：除另有规定外，用于静脉注射、静脉滴注、鞘内注射、椎管内注射的溶液型注射液、注射用无菌粉末及注射用浓溶液照不溶性微粒检查法（通则 0903）检查，均应符合规定。

>>· 【实训技能考核】

1.实训测试简表

实训技能理论知识点测试表

序号	测试题目	测试答案(在正确的括号里打"√")
1	输液瓶外洗、粗洗操作室洁净度要求？	①D 级洁净区（　） ②C 级洁净区（　） ③B 级洁净区（　） ④A 级洁净区（　）
2	输液瓶灌装、加塞操作室洁净度要求？	①D 级洁净区（　） ②C 级洁净区（　） ③B 级洁净区（　） ④A 级洁净区（　）

序号	测试题目	测试答案(在正确的括号里打"√")
3	输液剂初滤常用的滤器有哪些?	①板框压滤机(　) ②砂滤棒(　) ③垂熔玻璃滤棒(　) ④钛滤器(　)
4	葡萄糖输液易出现澄明度不合格的情况,解决的措施正确的有哪些?	①滤过、灌装、封口工序要求达到100级洁净度(　) ②先配成50%~70%的浓溶液(　) ③加0.1%针用活性炭(　) ④先配成5%的稀溶液(　)

2. 实训技能考核标准

输液剂的操作技能考核标准

学生姓名:＿＿＿＿＿＿＿＿　　　　班级:＿＿＿＿＿＿＿＿　　　　　　总评分:＿＿＿＿＿＿＿＿

评价项目	评价指标	具体标准	分值	学生自评	小组评分	教师评分
实践操作过程评价(70%)	生产前操作(10%)	仪器设备选择	2			
		原辅料领用	2			
		仪器设备检查	2			
		清洁记录检查	2			
		清场记录检查	2			
	生产操作(45%)	称量误差不超过±10%	5			
		设备正式生产前调试	5			
		胶塞清洗灭菌操作	5			
		输液瓶清洗灭菌操作	5			
		浓配罐操作	5			
		稀配罐操作	5			
		灌装充氮压塞操作	5			
		轧盖操作	5			
		灭菌操作	5			
	生产结束操作(9%)	余料处理	0.5			
		工作记录	3			
		设备清场操作	5			
		更衣操作	0.5			
	清洁与安全操作(6%)	洁净工具与容器的使用	1			
		清洁厂房	1			
		清洁与清场效果	1			
		设备安全操作	3			

续表

评价项目	评价指标	具体标准	分值	学生自评	小组评分	教师评分
实践操作质量评价（20%）	输液评价（10%）	不溶性微粒	5			
		可见异物	5			
	输液灌封评价（10%）	密封	4			
		装量	4			
		成品得率	2			
实践合作程度评价（10%）	个人职业素养（5%）	能正确进行一更、二更操作	3			
		不留长指甲、不戴饰品、不化妆	0.5			
		个人物品、食物不带至工作场合	0.5			
		进场到退场遵守车间管理制度	0.5			
		出现问题态度端正	0.5			
	团队合作能力（5%）	对生产环节负责态度	1			
		做主操时能安排好其他人工作	1			
		做副操时能配合主操工作	1			
		能主动协助他人工作	1			
		发现、解决问题能力	1			
总分			100			

>> ·【常见设备及岗位的标准操作规程】

16. 全自动胶塞湿法清洗灭菌机标准操作规程

全自动胶塞湿法清洗灭菌机 SOP

目的：建立全自动胶塞湿法清洗灭菌机标准操作及保养规程。

适用范围：大容量注射剂的胶塞在清洗灭菌机的标准操作。

责任：操作人员对本标准的实施负责；QA 检查员负责监督。

内容：

一、操作规程

1. 清洗前准备及检查

1.1 操作人员按进出 D 级洁净区更衣规程、进出 C 级洁净区更衣规程进行更衣；

1.2 将"清场合格证"附入批生产记录；

1.3 检查水、蒸汽供应情况。

2.开机操作

2.1 开启电源，打开注射用水、压缩空气、纯蒸汽、冷却水阀门；

2.2 开启电源10秒左右，触摸屏画面进入湿法胶塞清洗灭菌机自动控制系统主画面，显示工艺过程为：进料→粗洗→气水混合漂洗→真空脱泡→精洗→澄明度检查→硅化→放水→冲洗→蒸汽灭菌→真空干燥→热风干燥→降温→卸料；

2.3 按→ 手动 键，进入手动画面。按 下一页 键，进入手动操作界面第二页，按 进料门 键，这时 进料门 键旁边的圆圈由空心变为红色实心；

2.4 将进料门的把手手动逆时针旋转，打开进料门；

2.5 手动控制画面，按 取样 键，此时 取样 键旁边的圆圈由空心变为红色实心，同时滚筒旋转，当滚筒门与进料门对齐时，滚筒自动停止旋转；

2.6 在自动控制画面，按 启/停 键，工艺过程指示显示为进料，此时真空泵启动，按真空泵按钮，暂时取消真空；

2.7 将吸料管的钢管端放入滚筒内，同时旋紧吸料管的卡盘；

2.8 按真空泵按钮，开始真空吸料。真空吸料结束，按真空按钮，停止抽真空；

2.9 将吸料管取出，关好滚筒进料口，关好外缸密封卡盘。在手动画面，按键，这时 进料门 键旁边的圆圈由红色实心变为空心；

2.10 在自动画面，按 下一步 键，进入粗洗程序，这时按下真空泵按钮；

2.11 系统按照设定的程序依次进行粗洗-气水混合漂洗-真空脱泡-精洗-澄明度检查；

2.12 澄明度检查后，需要手动按 下一步 键，才能进入硅化步骤；

2.13 硅化时，真空泵自动启动抽真空；打开硅化阀门，稀释的硅油全部吸进胶塞湿法清洗灭菌机后，关闭硅化阀门，按 确认 键，系统按程序依次自动完成硅化→放水-冲洗；

2.14 在蒸汽灭菌时，升温阶段，在手动画面，按 排污 键，排掉冷凝水，当温度升到90℃时，取消 排污 键，关闭排污阀；

2.15 系统按照程序完成蒸汽灭菌→真空干燥→热风干燥→降温工作；

2.16 降温结束，自动画面显示为卸料，按后门的开门按钮，逆时针旋转门把手，将后门正向拉出，打开后门。将取下滚筒出料门，按上出料斗。按运行按钮，滚筒反转，胶塞从滚笼里卸出，按升速按钮，可以提高转笼反转的速度；

2.17 卸料结束，取下卸料斗，按上滚筒出料门；

2.18 关闭后门，顺时针旋转门把手，至开门指示灯亮；

2.19 关闭设备电源。

3.清场：按《塞膜洗涤室清洁规程》进行清洁。

4.填写生产、清场记录，经 QA 检查员检查合格，在批生产记录上签字，并签发"清场合格证"。

二、岗位操作结果评价

取橡胶塞最后一次清洗用水 100ml，在检查灯下目测毛、块≤10 个。

17.洗瓶岗位标准操作规程

洗瓶岗位 SOP

目的：建立洗瓶岗位标准操作，使操作达到标准化、规范化，保证洗瓶质量。

适用范围：大容量注射剂洗瓶岗位的操作。

责任：操作人员对本标准的实施负责；QA 检查员负责监督。

内　容：

一、操作规程

1.洗瓶前检查及准备

1.1 操作人员按进出 D 级洁净区更衣规程、进出 C 级洁净区更衣规程进行更衣；

1.2 将理瓶室、洗瓶室的"清场合格证"附入批生产记录；

1.3 检查水供应情况，并检查注射用水澄明度，无可见异物；

1.4 根据"批生产指令"填写领料单，到仓储领取输液瓶；

1.5 理瓶操作：将输液瓶除去外包装，传入理瓶室，剔出不规格输液瓶，将合格的输液瓶摆放在理瓶机的进瓶旋转转盘上，按理瓶机操作规程进行理瓶操作。

2.洗瓶操作

2.1 打开自来水、离子水、注射用水的水泵，向水槽内注入澄明度合格的注射用水，水温 50～55℃；

2.2 粗洗：用自来水喷洗瓶内壁 1 次，第一次温水冲洗，用循环水内冲 2 次，外冲 2 次；第二次温水冲洗用循环注射用水内冲 2 次，外冲 2 次；

2.3 精洗：用注射用水内冲 2 次，外冲 2 次；

2.4　冲洗水压 0.08~0.12MPa；

2.5　洗瓶结束后，先将调速旋钮反时针旋到极限，关主机，停变频停止按钮，关闭相应开关，关闭总电源。

3.清场：设备按相应的清洁规程进行清洁。

4.填写生产、清场记录，经 QA 检查员检查合格，在批生产记录上签字，并签发"清场合格证"。

二、岗位操作结果评价

1.取精洗用过滤注射用水 100ml 在检查灯下目测无可见异物；

2.取精洗后输液瓶，注入澄明度符合质量标准的过滤注射用水 100ml，在检查灯下目测无可见异物。

三、注意事项

1.整机运行时应注意输液瓶供给的连续性，防止发生倒瓶、卡瓶、碎瓶等现象；

2.变频器启动 5 秒后，启动主机。停机时先停主机后停变频器；

3.操作时随时注意操作面板故障显示，如有故障，应按紧急按钮，及时排除故障再启动。

18.浓配岗位标准操作规程

浓配岗位 SOP

目的：建立浓配岗位标准操作，使操作达到标准化、规范化。

适用范围：大容量注射剂浓配岗位的操作。

责任：操作人员对本标准的实施负责；QA 检查员负责监督。

内容：

一、操作规程

1.生产前的检查和准备

1.1　检查各种称量衡器符合要求；

1.2　检查生产用工业蒸汽的压强（MPa），并记录；

1.3　核对生产用原辅料与生产、包装指令一致；

1.4　配制罐及管道清洗完毕，各功能阀门处于工作状态，等待配制；

1.5　根据生产、包装指令挂上生产标志牌；

1.6　记录室内温度、湿度及压差。

2.称量

2.1 按生产包装指令称取各原料并记录

原料名称	原料厂家	原料批号	上批结存数/kg	领用数/kg	使用数/kg	结存数/kg
注射用葡萄糖						
盐酸						
活性炭						

2.2 核对物料是否平衡（上批结存数＋领用数＝使用数＋结存数）。

3.浓配

3.1 向配制罐内加入部分量的注射用水；

3.2 在搅拌下缓缓加入葡萄糖；

3.3 待原料溶解后，调整 pH 至 3.8～4.0，再加入预先湿润的活性炭；

3.4 经钛棒回流 10 分钟，自取样口取样，检查药液应澄清；

3.5 经 1.0μm 滤器滤至稀配罐。

二、清场

1.更换成"清场"标志牌；

2.开启浓配罐下排阀，用纯化水冲洗罐体的内壁，并放水至净；

3.拆下滤器，移至 C 级清洗间后，于清洗池内将滤芯取下，冲净滤芯，再用注射用水反复冲洗滤器的内外壁，将清洗干净的滤器与浓配的输送管道连接；

4.关闭下排阀，接取注射用水约 200L 开泵回流 10 分钟，然后打开罐体下排阀，将水放净；

5.重复第 4 步操作三遍；最后一次回流清洗时，打开浓配至稀配的阀门，让注射用水冲洗浓配至稀配的管道；

6.将清洗干净的滤芯安装于相应的滤器中，并与浓配输送管道连接。

三、填写生产、清场记录

19.稀配岗位标准操作规程

稀配岗位 SOP

目的：建立稀配岗位标准操作，使操作达到标准化、规范化。

适用范围：大容量注射剂稀配岗位的操作。

责任：操作人员对本标准的实施负责；QA 检查员负责监督。

内容：

1.生产前的检查和准备

1.1 检查生产用工业蒸汽的压强（MPa），并记录；

1.2 核对生产用原辅料与生产、包装指令一致；

1.3 配制罐及管道清洗完毕，各功能阀门处于工作状态，等待配制；

1.4 根据生产、包装指令挂上生产标志牌。

2.稀配

2.1 在稀配罐补加注射用水至全量；

2.2 开启泵和搅拌回流15分钟；

2.3 取样做含量及 pH 检查；

2.4 检查合格后，经 0.22μm 终端过滤检查澄明度合格后即可灌装。

3.清场

3.1 清空生产标志牌内容，并注明"清场"；

3.2 开启稀配的下排阀，用纯化水冲洗罐体的内壁，并放水至净；

3.3 关闭下排阀，接取注射用水约 300L，微开溢流开关、灌封开关，开泵回流 10 分钟，然后打开罐体下排阀，将水放净；重复操作三次；

3.4 拆下滤器，移至 B 级清洗间后，将滤芯取下用注射用水洗净，再用注射用水反复冲洗过滤器的内外壁；

3.5 将清洗干净的滤芯进行起泡点测试；

3.6 起泡点测试合格的滤芯与滤器及药液输送管道连接。

4.填写生产、清场记录。

20.旋转式灌装充氮压塞机标准操作规程

旋转式灌装充氮压塞机 SOP

目的：建立旋转式灌装充氮压塞机操作规程，使操作与保养达到标准化、规范化，保证灌装充氮加塞的质量。

适用范围：旋转式灌装充氮压塞机的操作及保养。

责任：操作人员对本标准的实施负责；QA 检查员负责监督。

内容：

一、生产前的检查和准备

1.各机构的调整

1.1 中心拨轮的调整；

1.2 灌装中心拨轮的调整：将需灌装的输液瓶放置在灌装中心拨轮缺口内，再调整上拨轮的位置，使定位块缺口的中心线与瓶口的中心线在同一直线上，在调整灌装头的位置使之与瓶口对中，适用30个输液瓶；

1.3 充氮中心拨轮的调整：将需充氮的输液瓶放置在充氮中心拨轮缺口内，再松开安装板上的螺丝，转动安装板，使充氮管的中心线与瓶口的中心线在同一直线上，适用20个输液瓶；

1.4 压塞中心拨轮的调整：将需加塞的输液瓶放置在压塞中心拨轮缺口内然后使压塞头缓慢下降，使瓶口对准压塞头的中心，输液瓶在缺口内三面的间陈相等，适用20个输液瓶；

1.5 瓶口高度的调整；

1.6 灌装部分的调整：将准备生产用的规格瓶放置在灌装中心拨轮缺口内，然后再调整上拨轮的位置，使灌装头的端部距离瓶口的距离为10mm；

1.7 充氮部分的调整：将准备生产用的规格瓶放置在充氮中心拨轮缺口内，然后松开安装板上的螺栓，调整充氮管的高度，使充氮管端部距离瓶口的距离为10mm；

1.8 压塞部分的调整：将已加好塞的输液瓶放在旋转工作台面上、压头处于凸轮的最高处、用手摇动机架调整，使压塞头距离胶塞顶端为30mm；

1.9 进出瓶拨轮位置的调整；

1.10 进出瓶拨轮缺口的位置必须与中心转台上中心拨轮缺口的位置对准，调整时，首先松开螺钉和手柄螺栓，然后转动拨轮片，使其与中心拨轮对准，对准后拧紧螺钉和手柄螺栓；

1.11 调整这几对拨轮位置时，应该先以灌装中心拨轮（压塞中心拨轮）为基准，再依次调整进瓶拨轮（出瓶拨轮），过渡拨轮，充氮中心拨轮，压塞中心拨轮（灌装中心拨轮），出瓶拨轮（进瓶拨轮）的位置；

1.12 进瓶螺杆的调整：在拨轮位置正确后再调整，拧松两只螺母并自由转动螺杆，使螺杆的出口端缺口与进瓶拨轮的半圆口相吻合，然后拧紧螺钉、开慢车进行进瓶实验，瓶子应能平稳地输送到转台上；

1.13 灌装容量的调整：调节装量时，应先粗调，调手动隔膜阀，待装量相差不大时再微调，即在触摸屏上微调灌装时间；将灌装误差控制在±1.5%内；

1.14 根据生产指令挂上生产标志牌。

2.开机操作

2.1 打开电源开关，待电源指示灯亮后，打开送料器，真空泵，开主机，开输送带，变频调速器，开氮气阀；

2.2 将按变频调速器的"＋"或"－"按钮（加速时按"＋"，减速时按"－"），待频率显示相应值与产量相符时停止调速；

2.3 输送带速度根据主机速度来调整；

2.4 灌装操作

2.4.1 将精洗后的输液瓶通过输送带送至灌装机的进瓶拨轮；

2.4.2 输液瓶通过托瓶台向上移动，液管及充氮管伸入瓶口内先充氮排除瓶内空气，到达灌装工位进行灌装；

2.5 压塞操作

2.5.1 启动真空泵、检查真控值为－0.1～－0.05MPa；

2.5.2 打开振荡开关，调节圆周及纵向振荡幅度，使胶塞布满轨道；

2.5.3 按下真空开关，接通压缩空气，完成压塞操作。

3.灌装结束，关闭所有设备电源开关；将灌装合格品移交轧盖岗位。

4.清场 按相关设备的清洁标准操作过程进行清洁。

5.填写生产、清场记录。

二、岗位操作结果评价

1.室内温度、相对湿度应符合标准，温度18～26℃，相对湿度45%～65%；

2.药液澄明度符合标准：取6瓶药液，在检查灯下检查无可见异物仅带微量白点；

3.装量符合标准：99%～101%；

4.药液从灌装至封口结束不超过4小时。

三、使用、养护

1.输送带的调整必须在运行时进行；

2.操作面板上变频调速器的键只许操作"＋"和"－"符号，其他的不作操作，以免程序混乱；

3.每周应将链轮、齿轮表面涂润滑脂一次，每月各传动轴承处加注润滑脂一次；

4.更换不同规格的瓶子时，更换大拨轮和小拨轮。

21.轧盖机标准操作规程

轧盖机 SOP

目的：建立轧盖机的标准操作，确保设备的正常运转，保证设备使用安全性、有效性。

适用范围：大容量注射剂轧盖机的操作。

责任：操作人员对本标准的实施负责；QA检查员负责监督。

内容：

一、操作规程

1.轧盖前准备

1.1 检查三角皮带、轧刀是否完好；

1.2 上臂的调整可轧5～500ml规格的瓶子；

1.2.1 该规格的玻璃瓶放在托盘上，一手托住横臂，另一手拧松横臂左边的螺母，使横臂下降或上升，直到轧盖头与瓶盖约20毫米位置时，将螺母拧紧；

1.2.2 用随机带的内六角扳手将托环紧靠横臂后把托环锁紧；拧紧时注意轧盖头与瓶盖位置对正；

1.3 调整V型支块：将玻璃瓶放入下V型支块内，旋松支块上的两个螺钉，使玻璃瓶和下V型块一起移动，直到轧盖头与瓶盖位置对正后，将V型块上的两个螺钉拧紧。

2.轧盖头的调整

2.1 盖子轧的不紧，可旋开轧盖头锁紧螺母按逆时针方向旋出上轧盖头，然后锁紧上固定螺母；

2.2 盖子轧的太紧，有旋切瓶盖现象。可旋开上轧盖头锁紧螺母按顺时针方向旋进上轧盖头，然后锁紧上固定螺母；

2.3 瓶盖下沿收不紧，可根据实际情况适当调小三个轧刀头的偏心度。如收的太紧，有轧碎瓶子现象，可适当调大三个轧刀头的偏心度；

3.轧刀位置不正时，对轧刀上下调节，使轧盖头距离铝盖顶端为22毫米。

4.在振动盘内加入铝盖，约到振动盘的1/4高处；调节振荡幅度。

4.1 开机操作

4.1.1 开启主机，调节速度与前工序基本适应；

4.1.2 输液瓶通过传送带进入分瓶转盘，分瓶后通过进瓶拨轮套上铝盖后进入左中心拨轮，将铝盖压实；

4.1.3 传入右中心拨轮轧盖头工位时，轧头上的顶盖头压住铝盖，三把旋转轧刀高速旋转，并将铝盖同橡胶盖、输液瓶口紧紧轧在一起，最后经出瓶拨轮到输瓶轨道进入下一工序；

4.1.4 停车可用紧急停车键，可单独停车。

4.2 清场：按相关设备的清洁标准操作过程进行清洁。

4.3 填写生产、清场记录。

二、岗位操作结果评价

轧铝盖时，随时剔出轧盖不合格品重新轧盖。

三、注意事项

1. 禁止从旋转牙盘牙口处取药瓶，避免发生安全事故；

2. 因负荷过重，自动停机时应检查原因，排除故障后再开机。

22. 水浴灭菌器标准操作规程

水浴灭菌器 SOP

目的：建立一个规范的水浴灭菌柜使用、清洁、维护操作规程。

适用范围：本规程适用于给水浴灭菌柜使用、清洁、维护操作管理。

责任：操作工对本规程实施负责，车间主任、工艺员、QA员监督。

内容：

一、操作规程

1. 检查

1.1 检查色水罐与纯化水罐是否缺水，如果缺水进行填充并打开抽水泵阀门；

1.2 检查是否有漏气漏水点；

1.3 检查电脑控制系统是否与机器连接。

2. 开机操作

2.1 打开电脑，进入操作页面。同时用钥匙打开灭菌柜开关；

2.2 进入数查询，根据工艺要求填写品名、数量、规格以及配方，点击退出；

2.3 点击程序运行，选择设置好的品名、规格、数量以及配方号，最后依据工艺要求填写批号；

2.4 打开压缩空气阀门，打开用水阀门；

2.5 灭菌柜装药，插好温度探头，关闭灭菌柜；

2.6 打开工业蒸汽阀门，在电脑操作页面点击程序启动；

2.7 根据灭菌流程需要打开色水罐与纯化水罐抽水泵开关；

2.8 灭菌过程结束后关闭工业蒸汽阀门；

2.9 待灭菌流程结束，温度降到室温，压力回到室压，即可打开柜门取药。

3. 结束：关闭用水阀门，压缩空气阀门，抽水泵阀门，关闭灭菌柜开关，电脑关机。

4. 清场：按相关设备的清洁标准操作过程进行清洁。

5. 填写生产、清场记录。

（汤　洁）

项目十三　滴眼剂

>> **【实训目标】**

一、知识目标

1. 掌握眼用液体制剂的概念、种类、特点及质量要求；

2. 熟悉滴眼剂附加剂的种类及作用；

3. 了解滴眼剂的给药途径及影响因素。

二、能力目标

学会滴眼剂的制备工艺方法；熟悉滴眼剂附加剂的种类及选择，学会滴眼剂的质量评定的方法。

任务 24　氯霉素滴眼液的制备

>> **【处方】**

氯霉素	0.25g	硼酸	1.9g
硼砂	0.03g	羟苯乙酯	0.03g
灭菌注射用水	加至 100ml		

>> **【处方分析】**

氯霉素为主药，硼酸、硼砂为缓冲剂，同时调节 pH 和渗透压，羟苯乙酯为抑菌剂。

>> **【临床适应证】**

眼科用药，适用于治疗由大肠埃希菌、流感嗜血杆菌、金黄色葡萄球菌、溶血性链球菌和其他敏感菌所致的眼部感染，如沙眼、结膜炎、角膜炎等。

>> **【生产工艺流程图】**

氯霉素滴眼剂的生产工艺流程见图 13-1。

>> **【制备方法】**

1. 称取硼酸、硼砂置洗净的容器中，加热注射用水约 90ml，搅拌使完全溶解，至 60℃时，加入氯霉素和羟苯乙酯使溶解，加注射用水至 100ml。

2. 测定 pH 值符合要求，用微孔滤膜过滤器过滤，滤液用 250ml 输液瓶收集，灌封，100℃ 30 分钟灭菌。

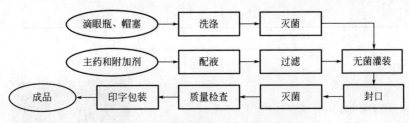

图 13-1　氯霉素滴眼液的生产工艺流程

3.无菌分装：在无菌操作柜内操作中，将灭菌的药液分装于已灭菌的滴眼瓶中，封口，即得。

【注解】

1.磷酸盐对氯霉素能催化水解，氯霉素在水中的溶解度较小（1∶400），故用硼酸、硼砂作缓冲剂，可增加氯霉素的溶解度，同时调节 pH 和渗透压。成品的 pH 值约为 6 时最稳定。

2.氯霉素滴眼剂在贮藏过程中，效价常逐渐降低，故配液时适当提高投料量，使在有效贮藏期间效价能保持在规定含量以内。

3.氯霉素对热较稳定，配液时可加热以加速溶解，也可用 100℃流通蒸汽灭菌，本品中亦可用硝酸苯汞（0.005%）或尼泊金甲酯（0.02%）作抑菌剂。

【主要物料】

原料有氯霉素；辅料有硼酸、硼砂及灭菌注射用水等。

【主要生产设备】

灌注机、YB-Ⅱ型澄明度检测仪、微孔滤膜过滤器、流通蒸汽灭菌柜、pH 计、贴标机、电子天平等。

设备的种类及要点	设备展示
灌注机(图 13-2) 原理：通过气缸的前后运动带动料缸内的活塞做往返运动，从而使料缸前腔产生负压。当气缸向前运动时，拉动活塞向后，料缸前腔产生负压。供料桶内的物料被大气压力压入进料管，通过进出料的单向阀进入料管。当气缸向后运动时，推动活塞向前，挤压物料。物料通过出料单向阀进入出料软管，最后通过灌装头进入待灌空瓶(进料时灌装头关闭，出料时打开)，完成一次灌装 适用范围：大部分液体物料	图 13-2　灌注机

续表

设备的种类及要点	设备展示
澄明度检测仪(图 13-3) 原理:采用药典规定的专用三基色照度连续可调荧光灯和电子镇流器组成的光源系统 适用范围:各类针剂、大输液和瓶装药液澄明度检查	 图 13-3　澄明度检测仪
微孔滤膜过滤器(图 13-4) 原理:本机的基本原理属于筛网状过滤,在静压差作用下,小于膜孔的粒子通过滤膜,大于膜孔的粒子则被截留到膜面上,使大小不同的组分得以分离 适用范围:滤除药液、气体、油类、饮料、酒类、电子仪表等的微粒、细菌,也可以作微粒、细菌的检验	 图 13-4　微孔滤膜过滤器
流通蒸汽灭菌柜(图 13-5) 原理:是指在常压条件下,采用100℃流通蒸汽加热杀灭微生物的方法 适用范围:适用于制药化工食品行业的西林瓶、安瓿瓶、铝瓶、金属及玻璃器皿件灭菌去热原和固体物料干热灭菌	 图 13-5　流通蒸汽灭菌柜

▶▶· 【相关主要仪器设备结构及操作视频】

1. 灌装加塞设备实物教学视频

https：//www. icve. com. cn/portal _ new/sourcematerial/edit _ seematerial. html？docid＝r1wpajink5bo0tvd2vaxbw

2. 澄明度检测仪结构及操作视频

https：//www. icve. com. cn/portal _ new/sourcematerial/edit _ seematerial. html？docid＝a7vgaqeog4dm-ybepqdt7w

3. 可见异物检查操作视频

https：//www. icve. com. cn/portal ＿ new/sourcematerial/edit ＿ seematerial. html？docid＝1evfaiiq2p1hjzpqb0viow

4. 过滤器起泡点检测操作视频

https：//www. icve. com. cn/portal ＿ new/sourcematerial/edit ＿ seematerial. html？docid＝ftjpaesphb1padeli8g9aa

5. 灭菌柜装柜操作视频

https：//www. icve. com. cn/portal ＿ new/sourcematerial/edit ＿ seematerial. html？docid＝-gm9alwn74vjz1nfbg4dmw

6. 渗透压的动画演示视频

https：//www. icve. com. cn/portal ＿ new/sourcematerial/edit ＿ seematerial. html？docid＝5ljbammpia1kookhsuyva

7. 粒度测定的原理

https：//www. icve. com. cn/portal ＿ new/sourcematerial/edit ＿ seematerial. html？docid＝hbiyazsnt51jow3p17rcjg

》· 【生产实训记录】

1. 实训结果记录格式表（表 13-1）

表 13-1　氯霉素滴眼剂实训结果记录表

项目	氯霉素滴眼液
外观	
装量	
pH 值	
渗透摩尔浓度	
无菌	
结论	

2. 实训中间品或成品展示

（侧重于实训过程现象的记载及问题的处理）

>>· 【质量检查】

应符合眼用制剂项下有关的各项规定（《中国药典》2015 年版四部通则 0105）。

1.可见异物

要求：可见异物系指存在于注射剂、眼用液体制剂和无菌原料药中，在规定条件下可以观测到的不溶性物质，其粒径或长度通常大于 $50\mu m$。滴眼剂照可见异物检查法中滴眼剂项下的方法检查，溶液应澄明，不得有玻璃屑、较大纤维、色块和其他不溶性异物和结块现象。

方法：取规定量供试品，除去容器标签，擦净容器外壁，必要时将药液转移至洁净透明的适宜容器内，将供试品置遮光板边缘处，在明视距离（指供试品至人眼的清晰观测距离，通常为 25cm），手持容器颈部，轻轻旋转和翻转容器（但应避免产生气泡），使药液中可能存在的可见异物悬浮，分别在黑色和白色背景下目视检查，重复观察，总检查时限为 20 秒。供试品装量每支（瓶）在 10ml 及 10ml 以下的，每次检查可手持 2 支（瓶）；50ml 或 50ml 以上大容量注射液，按直、横、倒三步法旋转检视。供试品溶液中有大量气泡产生影响观察时，需静置足够时间至气泡消失后检查。取供试品 20 支（瓶），按上述方法检查，临用前配制的滴眼剂所带的专用溶剂，应先检查合格后，再用其溶解滴眼用制剂。

2.粒度

要求：含饮片原粉的眼用制剂和混悬型眼用制剂照下述方法检查，粒度应符合规定。

方法：取液体型供试品强烈振摇，立即量取适量（或相当于主药 $10\mu g$）置于载玻片上，共涂 3 片；或取 3 个容器的半固体型供试品，将内容物全部挤于适宜的容器中，搅拌均匀，取适量（或相当于主药 $10\mu g$）置于载玻片上，涂成薄层，薄层面积相当于盖玻片面积，共涂 3 片；照粒度和粒度分布测定法（通则 0982 第一法）测定，每个涂片中大于 $50\mu m$ 的粒子不得过 2 个，且不得检出大于 $90\mu m$ 的粒子。

3.最低装量检查法

方法：容量法（适于标示装量以容量计者）。除另有规定外，取供试品 5 个（50ml 以上者 3 个），开启时注意避免损失，将内容物分别用干燥并预经标化的注射器抽尽，50ml 以上者可倾入预经标化的干燥量筒中，黏稠液体倾出后，将容器倒置 15 分钟，尽量倾净。读出每个容器内容物的装量，并求其平均装量，均应符合规定。如有 1 个容器装量不符合规定，则另取 5 个（或 3 个）复试，应全部符合规定。

4.渗透压摩尔浓度：水溶液型滴眼剂，按照渗透压摩尔浓度测定法测定（通则 0632），应符合规定。

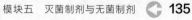

>>· 【实训目标检测题】

1. 处方中硼酸、硼砂、羟苯乙酯起什么作用？
2. 滴眼剂中选择抑菌剂应考虑哪些问题？
3. 调节 pH 和渗透压时应注意哪些问题？

>>· 【技能考核标准】

滴眼剂操作技能考核标准

学生姓名：＿＿＿＿＿　　　　　班级：＿＿＿＿＿　　　　　总评分：＿＿＿＿＿

评价项目	评价指标	具体标准	分值	学生自评	小组评分	教师评分
实践操作过程评价（70%）	生产前操作（10%）	仪器设备选择	2			
		原辅料领用	2			
		仪器设备检查	2			
		清洁记录检查	2			
		清场记录检查	2			
	生产操作（40%）	称量误差不超过±10%	5			
		设备正式生产前调试	5			
		口服液制备操作	10			
		口服液灌封操作	10			
		口服液灭菌操作	5			
		生产状态标识的更换	5			
	生产结束操作（14%）	余料处理	0.5			
		工作记录	3			
		设备清场操作	10			
		更衣操作	0.5			
	清洁与安全操作（6%）	洁净工具与容器的使用	1			
		清洁厂房	1			
		清洁与清场效果	1			
		设备安全操作	3			
实践操作质量评价（20%）	口服液评价（10%）	外观	10			
	口服液灌封评价（10%）	密封	4			
		装量	4			
		成品得率	2			

续表

评价项目	评价指标	具体标准	分值	学生自评	小组评分	教师评分
实践合作程度评价（10%）	个人职业素养（5%）	能正确进行一更、二更操作	3			
		不留长指甲、不戴饰品、不化妆	0.5			
		个人物品、食物不带至工作场合	0.5			
		进场到退场遵守车间管理制度	0.5			
		出现问题态度端正	0.5			
	团队合作能力（5%）	对生产环节负责态度	1			
		做主操时能安排好其他人工作	1			
		做副操时能配合主操工作	1			
		能主动协助他人工作	1			
		发现、解决问题能力	1			
总分			100			

▶▶·【常见设备的标准操作规程】

23.滴眼液灌装机标准操作规程

滴眼液灌装机 SOP

目的：建立灌装机标准操作规程。

范围：适用于灌装机的操作。

责任者：生产部设备主管负责指导，操作工负责实施。

操作规程：

一、操作方法

1.使用前检查：灌装机安装好后，接通电源，试运转三相电机，保证运转方向正确，确保压缩空气的压力和流量（0.6MPa，0.5m³/min），检查各电机、轴承等是否需加润滑油，严禁无油运转，正常后方可开动机器，同时观察各部位紧固件有无松动，待各部分运行情况稳定后，方可正常使用。

2.检查安全设施功能是否正常。

3.开机前仔细检查所有水箱是否有水，链板有无卡死，传送带上是否有杂物，储盖箱内是否有瓶盖，水源、电源、气源是否接通，待各项条件准备好后，再合上主电源 QF，电源指示灯亮，故障指示灯、急停指示灯不亮，则具备启动条件，按控制箱上的启动按钮和灌装处启动开关，在蜂鸣器三声预警后，整机启动运行，进入外洗、冲洗、灌装全自动工作方式，停机可在灌装处和控制箱处按停止按钮，停机后应关掉主电源。

二、使用安全细则

1.灌装机设备内无异物（如工具、抹布等）；

2.灌装机不允许有异常响动，如有应立即停机，检查原因；

3.所有保护物应安全、可靠，严禁穿戴有可能被运动部件挂住的衣物、饰品（如围巾、手链、手表等）；

4.长发者，应戴发罩；

5.不要用水和其他液体清洗电气单元；

6.清洗时应穿戴工作服、手套、眼镜等，预防强酸、强碱腐蚀；

7.机器运行时，必须有人进行监控，不要用工具或其他物体接近机器；

8.不要让与操作无关的人员接近设备。

三、维护与保养

1.定期检查与维护：应每月对气动元件如气缸、电磁阀、调速阀及电器部分等进行检查。检查方法可通过手动调整来检查好坏和动作可靠性，气缸主要检查有否漏气和卡滞现象，电磁阀可手动强制动作以判断电磁线圈是否烧毁及阀堵塞，电器部分可能过对照输入输出信号指示灯来校验，如检查开关元件是否损坏，线路是否断线，各输出元件是否工作正常。

2.日常检查与维护：马达是否正常运行，安装环境是否正常，冷却系统是否异常，是否存在异常振动，异常声音；是否出现异常过热，变色。

四、注意事项

1.必须把电机、机壳接地，且零线、地线分开；

2.本机电源进线须经漏电开关引入；

3.气动三元件要求加气动专用润滑油，以延长气缸的使用寿命；

4.水泵严禁无水工作，在运行过程中注意给碱水箱、消毒水箱补充水，同时保证清洗水的供应。

五、设备清洗要求

1.每天上班前、下班后对设备的各喷口、管道、输送带、水箱进行清洗。

2.每周定期对灌装设备及各管道用消毒水（含氯量为 100mg/L）进行清洗、消毒后，再用工艺水对设备进行冲洗。

3.操作人员应将消毒清洗过程记录下及保存。

24.澄明度检查仪标准操作规程

澄明度检查仪 SOP

目的：制定澄明度检测仪的使用与维护操作规程，指导澄明度检测仪的正确使用和维护，防止澄明度检测仪因操作不当而造成损坏，确保检查结果的准确性。

适用范围：本标准适用于 YB--Ⅱ型澄明度检测仪的使用及维护保养。

职责：验收员、养护员使用本操作规程。

操作规程：

1.启动电源开关，此时荧光灯一开即亮。

2.启动照度开关，此时照度显示为数字。00 表示照度为 0×100LX。

3.将仪器的附件照度传感器插头插入面板孔，把传感器放置在测定检品位置测定照度，同时调节仪器上部旋钮，调至所需照度条件，照度调好后，拔下插头，关闭照度开关。

4.根据所测药品要求，用仪器面板上的拔盘开关，设定所需检测的时间。

5.如何控制检查时间，在检测样品的同时，拔动计时微触开关，指示灯每秒闪烁一次，而且起始和终止有声响报警。

6.测试完毕后，关上仪器的总电源开关，拔下电源插头。

7.维护保养

7.1 请勿置于潮湿、风吹日晒、雨淋之处。使用仪器前，请先检查电源线与插头。

7.2 清理灯箱必须使用毛刷。

7.3 当照度不能达到要求时需要更换日光灯管。

8.注意事项

8.1 使用前一定要检查电源插头的地线是否可靠接地。检品盒内若留有药水应及时清除，以防流入电器箱内造成其他事故。

8.2 打开电源开关后，若灯管不亮，首先检查保险管及电源。

（付恩桃）

项目十四　口服液制剂

>> ·【实训目标】

一、知识目标

1.掌握口服液的制备方法；

2.熟悉口服液的质量要求及检查项目。

二、能力目标

掌握提取、浓缩、精制、滤过等操作要点；掌握口服液的灌装压塞轧盖一体机的标准化操作及灭菌操作。

任务 25　葡萄糖酸锌口服液的制备

>> **【处方】**

葡萄糖酸锌	0.21kg	蔗糖	12kg
香精	适量	纯化水	加至100L
共制	10000 支		

>> **【处方分析】**

葡萄糖酸锌为主药，蔗糖为甜味剂，香精为芳香剂，纯化水为溶剂。

>> **【临床适应证】**

用于治疗缺锌引起的营养不良、厌食症、口腔溃疡、痤疮、儿童生长发育迟缓等。

>> **【生产工艺流程图】**

葡萄糖酸锌口服液的生产工艺流程见图 14-1。

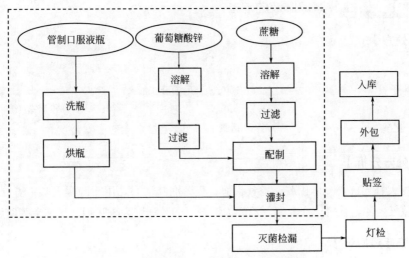

图 14-1　葡萄糖酸锌口服液的生产工艺流程

注：虚线框内代表 D 级或以上洁净生产区域。

》》· 【制备方法】

1.配制：采用热熔法，按配方比例称取葡萄糖酸锌、蔗糖分别加入适量纯化水中，100℃加热30min，使之充分溶解后过滤，得葡萄糖酸锌口服溶液（配制需在6小时内完成）。

2.灌封：将口服溶液灌封至管制口服液瓶中。

3.灭菌（从配制到灭菌结束应控制在24小时之内）：按操作规程打开门，将待灭菌物品按顺序放入灭菌柜；关闭灭菌柜门，将门严格密封；启动真空系统运转，抽排柜内空气；接通灭菌柜电源，使柜内温度逐渐升高，加热至115℃，开始计时，灭菌30分钟；灭菌结束后，待压力降至与外界相同时，打开灭菌柜门，取出半成品。

4.灯检：葡萄糖酸锌口服液应为无色透明液体，无沉淀及杂质；灯检时剔除装量不合格的口服液瓶，剔除变形瓶及轧盖变形的口服液瓶，剔除溶液内有玻璃屑或其他异物的口服液瓶。

》》· 【主要物料】

葡萄糖酸锌、蔗糖、香精、纯化水、管制口服液瓶、标签等。

》》· 【主要生产设备】

配料罐、立式超声波洗瓶机、DGK5/30口服液灌装轧盖机、远红外火菌干燥机、贴标机等。

任务 26 　生脉饮口服液的制备

》》· 【处方】

红参	100g	60%糖浆	约300ml
五味子	100g	尼泊金	1ml
麦冬	200g	纯化水	加至1000ml
65%乙醇	适量		

》》· 【处方分析】

红参大补元气，复脉固脱，益气摄血；麦冬润肺清心，用于肺燥干咳；五味子收敛固涩，益气生津，补肾宁心；65%乙醇为溶剂；60%糖浆为矫味剂；尼泊金为防腐剂。

》》· 【临床适应证】

益气复脉，养阴生津。用于气阴两亏，心悸气短，脉微自汗。

>>· 【生产工艺流程图】

生脉饮口服液的生产工艺流程见图 14-2。

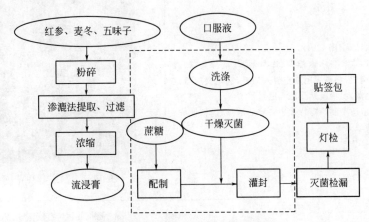

图 14-2　生脉饮的生产工艺流程图

注：虚线框内代表 D 级或以上洁净生产区域。

>>· 【制备方法】

以上三味，粉碎成粗粉，用 65％乙醇作溶剂，浸渍 24 小时后进行渗漉，收集渗漉液约 4500ml，减压浓缩至约 250ml，放冷，加纯化水 400ml 稀释，滤过，另加60％糖浆 300ml 及适量防腐剂，并调节 pH 至规定范围，加纯化水至 1000ml，搅匀，静置，滤过，灌封（10ml/支），灭菌（115℃热压灭菌 30min），即得。

>>· 【主要物料】

红参、麦冬、五味子、乙醇、蔗糖、纯化水、尼泊金、管制口服液瓶、铝盖等。

>>· 【主要生产设备】

渗漉提取罐、真空减压浓缩罐等。

设备的种类及要点	设备展示
渗漉提取罐(图 14-3) 　结构及原理:本设备由筒体、椎体、平盖、启动出渣门、气动操作台等组成,具有溶剂分布均匀、出渣方便等特点。渗漉原理是往药材中不断添加浸取溶剂使其渗过药材从下端出口流出浸取液的一种动态浸提过程 　适用范围:中药、植物等行业的渗漉操作	图 14-3　渗漉提取罐

设备的种类及要点	设备展示
真空减压浓缩罐(图 14-4) 结构及原理:本设备由浓缩器、冷凝器、气液分离器、冷却器、收液桶构成,物料采用真空吸入加料,利用夹层蒸汽加热料液使之蒸发、冷凝达到浓缩的过程 适用范围:应用于制药等行业中料液的浓缩、酒精回收、溶剂的回流提取等	 图 14-4　真空减压浓缩罐
配料罐(图 14-5) 结构及原理:配液罐通过夹层蒸汽加热和磁力搅拌器转动的双重作用,使药液达到混合均匀的目的。该设备具有节能、耐蚀、生产能力强、清洗方便,结构简单等特点 适用范围:应用于食品、制药等行业中的储液、混合调配或杀菌处理	 图 14-5　配料罐
立式超声波洗瓶机(图 14-6) 结构及原理:口服液瓶由理瓶斜斗进入到超声波清洗槽中,经过约 80 秒的超声波清洗后,由进瓶螺杆送到提升拨轮上,再进入大转鼓,被机械手夹住,然后翻转 180°瓶口向下,随大转盘顺时针转动,大转盘下部 6 组装有喷针的喷水(汽)管跟踪将喷针插入瓶内按程序进行二次循环水、一次压缩空气、一次新鲜水、再次净化压缩空气喷洗,同时在瓶外也进行水的喷洗,以此完成瓶子的清洗工艺 适用范围:口服液瓶的洗涤	 图 14-6　立式超声波洗瓶机

续表

设备的种类及要点	设备展示
远红外灭菌干燥机(图 14-7)： 　结构及原理：口服液瓶由传送网带送入预热段、高温灭菌段和冷却段，最后通过后层流段，完成对容器的干燥灭菌。通过中效、高效过滤器组成的前后层流和尾部的排风以达到 A 级的洁净要求 　适用范围：口服液瓶的烘干灭菌处理	 图 14-7　远红外灭菌干燥机
口服液灌装轧盖机(图 14-8) 　结构及原理：口服液瓶通过轨道和变距螺杆送入灌轧机，经拨盘送入灌装盘，完成口服液的灌装、戴盖和轧盖封口等动作。采用四头灌装，计量由调节偏心距来完成，确保精度；压塞由扇形吸塞器往复运动完成，可靠性强；三刀盖，锁轧口美观 　适用范围：口服液的灌封	 图 14-8　口服液灌装轧盖机

》·【相关主要仪器设备结构及操作视频】

1. 渗漉提取罐操作视频

https：//www. icve. com. cn/portal _ new/sourcematerial/edit _ seematerial. html？ docid＝orv1agyo5zblidap3quymw

2. 口服液生产-洗、灌、封联动设备操作视频

https：//www. icve. com. cn/portal _ new/sourcematerial/edit _ seematerial. html？ docid＝919mauspebrbsu1qwwx85g

>>· 【产品展示及结果记录】

（侧重于实训过程现象的记载及问题的处理）

>>· 【质量检查】

应符合口服溶液剂项下的有关规定（《中国药典》2015年版四部通则0123）。

1.外观：口服溶液剂应稳定、无刺激性，不得有发霉、酸败、变色、异物、产生气体或其他变质现象。

2.装量：除另有规定外，单剂量包装的口服溶液剂照下述方法检查，应符合规定。

检查法：取供试品10支，将内容物分别倒入经标化的量入式量筒内，检视，每支装量与标示装量相比较，均不得少于其标示量。

3.微生物限度：除另有规定外，按照非无菌产品微生物限度检查：微生物计数法（通则1105）和控制菌检查法（通则1106）及非无菌药品微生物限度标准（通则1107）检查，应符合规定。

>>· 【实训技能考核】

1.实训测试简表

实训技能理论知识点测试表

序号	测试题目	测试答案(在正确的括号里打"√")
1	关于口服液的叙述中,正确的是?	①口服液以水为介质（ ） ②口服液中的药物可以是化学药物,也可以是药材提取物（ ） ③口服液一般不加入矫味剂（ ） ④口服液课加入抗氧剂防止药物被氧化（ ）
2	渗漉法的优点是?	①为动态浸提（ ） ②药材充填操作简单（ ） ③浸提液不必另行过滤（ ） ④适用于配制高浓度制剂（ ）

2.实训技能考核标准

口服液制剂制备操作技能考核标准

学生姓名：_____　　　　班级：_____　　　　总评分：_____

评价项目	评价指标	具体标准	分值	学生自评	小组评分	教师评分
实践操作过程评价（70%）	生产前操作（10%）	仪器设备选择	2			
		原辅料领用	2			
		仪器设备检查	2			
		清洁记录检查	2			
		清场记录检查	2			
	生产操作（40%）	称量误差不超过±10%	5			
		设备正式生产前调试	5			
		口服液制备操作	10			
		口服液灌封操作	10			
		口服液灭菌操作	5			
		生产状态标识的更换	5			
	生产结束操作（14%）	余料处理	0.5			
		工作记录	3			
		设备清场操作	10			
		更衣操作	0.5			
	清洁与安全操作（6%）	洁净工具与容器的使用	1			
		清洁厂房	1			
		清洁与清场效果	1			
		设备安全操作	3			
实践操作质量评价（20%）	口服液评价（10%）	外观	10			
	口服液灌封评价（10%）	密封	4			
		装量	4			
		成品得率	2			
实践合作程度评价（10%）	个人职业素养（5%）	能正确进行一更、二更操作	3			
		不留长指甲、不戴饰品、不化妆	0.5			
		个人物品、食物不带至工作场合	0.5			
		进场到退场遵守车间管理制度	0.5			
		出现问题态度端正	0.5			
	团队合作能力（5%）	对生产环节负责态度	1			
		做主操时能安排好其他人工作	1			
		做副操时能配合主操工作	1			
		能主动协助他人工作	1			
		发现、解决问题能力	1			
		总分	100			

>>·【常见设备的标准操作规程】

25. DGK5/30 口服液灌装轧盖机标准操作规程

口服液灌装压塞轧盖一体机 SOP

目的：规范口服液灌装压塞轧盖一体机标准操作及维修保养规程。

适用范围：口服液在灌封岗位中灌轧机标准操作及维护。

责任：设备管理员、操作工作者、QA 监督员。

内容：

一、操作规程

1. 开机前准备工作

1.1 参数

设计：灌装量 5～30ml/支　　灌装速度　2200～4000 支/小时

实际：灌装量 10.0～10.3ml/支　　灌装速度　36～66 支/分

1.2 检查操作间、容器、设备等是否有清场合格标志，并核对是否在有效期内；设备要有"合格"标牌、"已清洁"标牌。

1.3 进瓶：瓶在瓶斗斜度及瓶自重推力的作用下，瓶经落瓶轨道送入瓶螺杆。

1.3.1 调节落瓶轨道宽度，若轨道过宽易使瓶横倒，引起瓶在落瓶轨道口与进瓶螺杆衔接处轧瓶；

1.3.2 调节进瓶螺杆位置快慢与转盘衔接位置，先拆去进瓶螺杆与转盘衔接不妥而造成轧瓶。

1.4 灌液针头：为防止药液泡沫溢出瓶口，故 10ml 药液分两次灌注，同时能提高及机器功效。

1.4.1 使针头上下动作与转盘传动相协调，又与灌液部件动作相配合。主机传动转盘刚停转时，针头下降，灌液开始；

1.4.2 待转盘未启动时，针头即上升，药液止灌；防止相关之间动作不协调而撞坏针头，而使药液灌注瓶外。

1.5 灌液装量调节

1.5.1 将调节螺母向下旋转，减少玻璃泵的行程，使泵内的药液流量减少；反之将调节螺母向上旋转而增加玻璃泵内药液流量；

1.5.2 灌装量调准后，将调节螺母锁紧，避免装量失准。

1.6 自动落铝盖的调整：落盖头两侧弹簧片和正面压弹片位置弹性要适宜，同时落盖口的位置要与转盘槽内的瓶口位置要调节适度，使用前调节速度使瓶盖停留在下盖头等候。

1.7 轧盖的调整：轧刀和上顶轴头部位置调整到合适的位置（在凸轮最高点检查瓶盖边露出上顶杆轴头部时的尺寸一般以露出 2.5～3.0mm 为宜）；调节轧刀片边缘正好在铝盖边缘的下沿位置；

1.8 挂本次运行状态标志，进入灌封操作。

2. 开机运行

2.1 启动主电机按钮。

2.2 调整至合适速度。玻璃瓶由进瓶拨轮移至灌装头的转盘上，定位后，针管插入瓶口，按规定量（10ml）开始灌注。

2.3 灌装时送液泵要根据灌装贮料桶的液位来控制，当溶液到料桶装量的80％时停止送液泵，低于装量20％时开启送液泵。

2.4 灌注完毕后，将灌好溶液的瓶子转至拨轮进入轧盖位置，完成机械轧盖。

2.5 生产过程中，定时在线检查加瓶、加盖、装量、口服液瓶锁口的情况。

2.6 生产过程中，定时检查机器运转情况，发现异常应及时停机处理。

2.7 停机前应停止供液、供瓶、供盖，清理多于包装物。

3. 清场：按《口服液灌装压塞轧盖一体机的清洁标准操作规程》进行清洁。

4. 填写生产、清场记录。

二、岗位操作结果评价

装量检查方法：取 5 支将内容物分别倒入经校正的干燥量筒内，在室温下检视，每支装量应在 9.55ml 以上。

三、注意事项

1. 操作中，时刻注意装量、锁口情况。

2. 每当机器进行调整后，一定要将松过的螺丝紧好，用摇手柄转动机器查看起动作是否符合要求后，方可以开启。

四、维修保养

1. 口服液灌轧机外部保养

1.1 在生产结束后要及时将台板罩上面的玻璃碴、水等清理干净。

1.2 每周应大擦洗一次，特别将平常使用中不容易清洁到的地方擦净或用压缩空气吹净。

2. 机架部件传动部件

2.1 定期在轴承座、凸轮槽、齿轮加适量润滑油或润滑脂。

2.2 检查滚针轴承、凸轮等易损件是否损坏，若损坏应及时更换。

3. 灌装泵部件

3.1 灌装计量泵严禁在无液体状态下使用。

3.2 每次清洗灌装计量泵时需单个清洗。

3.3 若出现灌装计量泵损坏，要及时更换；硅胶管使用一段时间后会出现老化现象，要定时更换。

4. 输瓶网带、中间过瓶、出瓶拔轮部件：定期检查链条式输瓶网带、瓶托是否损坏，拔轮、栏栅、链轮、链条有没有磨损，若出现磨损或损坏要及时更换。

5. 理盖、下盖部件：若出现振盖跟不上，应检查振荡斗底座里面的弹片是否出现松动。

6. 三刀式轧盖组

6.1 轧刀头在上升段偶尔出现卡住现象，将导向板的位置向轧盖组运动的相反方向移动一点距离后固定。

6.2 定期检查调节套、定位块、齿轮、凸轮是否磨损。

（汤　洁）

第二篇

专业技能实训

模块六 ▸▸ 生产性实训（一）

项目十五　颗粒剂

▶▶·【实训目标】

一、知识目标

1.颗粒剂的定义、种类、特点和质量要求；

2.颗粒剂不同制备方法的工艺流程及质量检查。

二、能力目标

熟练掌握制备颗粒剂易出现的问题及解决对策，学会摇摆式制粒机、湿法混合制粒机、全自动颗粒包装机的标准操作方法及维护。

任务 27　布洛芬颗粒剂的制备

▶▶·【处方】

布洛芬	600g	微晶纤维素（MCC）	150g
羧甲基淀粉钠（CMS-Na）	50g	香精	2g

| 聚维酮（PVP） | 10g | 蔗糖细粉 | 3500g |
| 糖精钠 | 25g | | |

>>· 【处方分析】

布洛芬为主药，聚维酮为粘合剂，羧甲基淀粉钠为崩解剂，糖精钠、香精为矫味剂，微晶纤维素、蔗糖细粉为填充剂。

>>· 【临床适应证】

解热镇痛消炎药，适用于感染性、非感染性疾病及手术后所致发热。

>>· 【生产工艺流程图】

布洛芬颗粒剂的生产工艺流程见图 15-1。

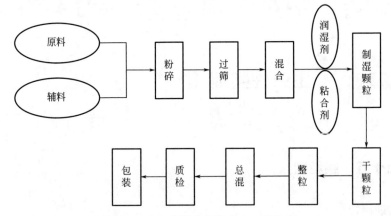

图 15-1　布洛芬颗粒剂的生产工艺流程

>>· 【制备方法】

将布洛芬、微晶纤维素和蔗糖粉过 16 目筛后，置混合器内与糖精钠混合。混合物用聚维酮异丙醇溶液制粒，干燥，过 30 目筛整粒后与剩余处方成分羧甲基淀粉钠、香料混匀，装于不透水的袋中，每袋含布洛芬 600mg。

>>· 【主要物料】

原料有布洛芬；辅料有微晶纤维素、蔗糖、糖精钠、聚维酮、羧甲基淀粉钠、包装塑料膜等。

>>· 【主要生产设备】

槽型混合机、摇摆式制粒机、漩涡振荡筛、三维混合机、快速整粒机、药典筛、电子天平、热风循环干燥箱、全自动颗粒包装机、万能粉碎机等。

设备的种类及要点	图片展示
湿法混合制粒机(图 15-2) 原理(快速搅拌制粒技术)：该设备主要由容器、搅拌桨、切割刀组成，设备运行时在搅拌桨的作用下使物料混合、翻动、分散甩向容器壁后向上运动，并在切割刀的作用下将大块颗粒搅碎、切割，并和搅拌桨的作用相呼应，使颗粒得到强大的挤压、滚动而形成致密均匀的颗粒 适用范围：制得的颗粒用于片剂生产	 图 15-2 湿法混合制粒机
快速整粒机(图 15-3) 原理：该机有设计合理的滤网、杆件，能粉碎大块易碎的物料，并根据离心力原理，用特殊孔的滤网，仔细筛滤，专用摩擦滤网杆件能轧碎筛滤坚固的粒子，同时磨碎大块聚物 适用范围：中西药颗粒的破碎及整理	 图 15-3 快速整粒机
全自动颗粒包装机(图 15-4) 原理：自动完成计量，制带充填封合打印批号切断及计数等全部工作，自动完成颗粒及胶囊类的包装 适用范围：颗粒剂的内包	 图 15-4 全自动颗粒包装机

》·【相关主要仪器设备结构及操作视频】

1.快速搅拌制粒机的结构及操作视频

https：//www.icve.com.cn/portal _ new/sourcematerial/edit _ seematerial.html？docid＝duzzagqkd51c1akai7yeoa

2.一步制粒机结构原理

https：//www.icve.com.cn/portal _ new/sourcematerial/edit _ seematerial.html？docid＝z2k7afup9khelwp2chdhaw

》·【生产实训记录】

1.实训结果记录格式表（表15-1）

表15-1　布洛芬颗粒实训结果记录表

项目	布洛芬颗粒
溶化性	
结论	

2.实训中间品或成品展示

（侧重于实训过程现象的记载及问题的处理）

》·【质量检查】

应符合颗粒剂项下有关的各项规定（《中国药典》2015年版四部通则0104）。

1.粒度

要求：双筛分法检查，不能通过一号筛和能通过五号筛的颗粒和粉末的总和不得超过供试量的15％。

方法：取单剂量包装的颗粒剂5包（瓶）或多剂量包装的颗粒剂1包（瓶），称定重量，置药筛中，药筛上层为一号筛，供试品置于其中，筛上加盖，下层为5号筛，其下配有密合的接收器，保持水平状态过筛，左右往返，边筛动边拍打3min。取一号筛内及接收器内的颗粒及粉末，称定重量，计算。

2.干燥失重或水分

要求：化学药品颗粒剂，应检查干燥失重，不得超过2.0％；中药颗粒，应检查水分，不得超过6.0％。

方法：干燥失重法，取供试品约1g，在105℃干燥至恒重，含糖颗粒在80℃减压干燥。

水分测定法：水分测定仪检测。

3. 溶化性

可溶性颗粒检测法：取供试品 10g，加热水 200ml，搅拌 5min，应全部溶解，允许有轻微浑浊，但不得有异物。

泡腾性颗粒检测法：取单剂量的泡腾颗粒剂 3 包，分别置盛有 200ml 水的烧杯中，水温为 15～25℃，应迅速产生气泡成泡腾状，5min 内应完全分散或溶解。

混悬型颗粒剂或已规定检查溶出度或释放度的颗粒剂，可不进行溶化性检查。

4. 装量差异：要求见表 15-2。

表 15-2　颗粒剂的装量差异限度要求

平均装量或标示装量	装量差异限度
1.0g 及 1.0g 以下	±10%
1.0g 以上至 1.5g	±8%
1.5g 以上至 6.0g	±7%
6.0g 以上	±5%

方法：取供试品 10 袋（瓶），除去包装，分别精密称定每袋（瓶）内容物的重量，求出每袋（瓶）内容物的装量与平均装量。每袋（瓶）内容物的装量与平均装量（用于有含量测定颗粒剂的比较）或标示装量（用于无含量测定颗粒剂的比较）相比应符合规定（表），超出装量差异限度的颗粒剂不得多于 2 袋（瓶），并不得有 1 袋（瓶）超出装量差异限度的 1 倍。凡规定检查含量均匀度的颗粒剂，一般不再进行装量差异的检查。

5. 微生物限度检查：详见《中国药典》2015 年版四部通则 3300。

以动物、植物、矿物质来源的非单体成分制成的颗粒剂、生物制品颗粒剂，按照非无菌产品微生物限度检查：微生物计数法（通则 1105）、控制菌检查法（通则 1106）及非无菌药品微生物限度标准（通则 1107）检查，应符合规定。规定检查杂菌的生物制品颗粒剂，可不进行微生物限度检查。

任务 28　空白颗粒的制备

>> **【处方】**

蓝淀粉	1kg	淀粉	5kg
糖粉	2.9kg	50%乙醇	适量
制成颗粒	2000 包		

>> **【处方分析】**

蓝淀粉为主药，淀粉、糖粉为稀释剂，其中淀粉也是崩解剂。

【临床适应证】

空白试验，无临床价值，主要用于颗粒剂制备工艺的验证。

【生产工艺流程图】

空白颗粒的生产工艺流程见图15-5。

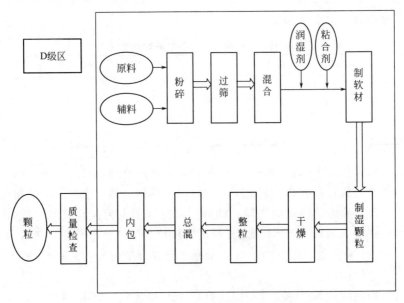

图 15-5　空白颗粒的制备工艺示意图

【制备方法】

称取处方量蓝淀粉、淀粉、糖粉置于槽型混合机中，加入适量50％乙醇，用适当的转速和搅拌速度制软材，软材达"轻握成团，轻压即散"状态，然后通过料桶转移至摇摆式制粒机料斗内，通过控制旋转滚筒正反旋转，制得湿颗粒。

【主要物料】

蓝淀粉、淀粉、糖粉等。

【主要生产设备】

槽型混合机、摇摆式制粒机、漩涡振荡筛、三维混合机、药典筛、电子天平、热风循环干燥箱、全自动颗粒包装机等。

设备的种类及要点	图片展示
摇摆式制粒机（图 15-6） 原理（挤压制粒法）：一般是将赋形剂置合适的容器中（一般是槽型混合机）混合均匀，加入药材稠膏（或干膏粉）搅拌均匀，必要时加入适量一定浓度的乙醇，制成"轻握成团，轻压即散"的软材，再将软材用挤压方式（一般是摇摆制粒机）在旋转滚筒的正、反旋转作用下，强制性通过筛网（10～14 目）制成均匀的颗粒 适用范围：大部分物料	 图 15-6　摇摆式制粒机

【相关主要仪器设备结构及操作视频】

摇摆式制粒机视频如下。

（1）摇摆式制粒机动画视频

https：//www. icve. com. cn/portal _ new/sourcematerial/edit _ seematerial. html？docid＝by6vahanikpl-r6j0p8zvg

（2）摇摆式制粒机结构及操作视频

https：//www. icve. com. cn/portal _ new/sourcematerial/edit _ seematerial. html？docid＝eiv0agqksapjfsndle0oxq

【生产实训记录】

1.实训结果记录格式表（表 15-3）

表 15-3　空白颗粒实训结果记录表

项目	空白颗粒
外观	
粒度	
溶化性	
结论	

2.实训中间品或成品展示

（侧重于实训过程现象的记载及问题的处理）

▶▶·【质量检查】

应符合颗粒剂项下有关的各项规定（《中国药典》2015 年版四部通则 0104）。

▶▶·【实训技能考核】

1.实训测试简表

实训技能理论知识点测试表

序号	测试题目	测试答案(在正确的括号里打"√")
1	泡腾颗粒剂的处方中哪两种物质是作为泡腾崩解剂？	①磷酸钠与酒石酸（　） ②碳酸氢钠与酒石酸（　） ③磷酸钠与枸橼酸（　） ④碳酸氢钠与枸橼酸（　）
2	手工挤压过筛制粒法制粒与整粒可选用什么规格的筛网？	①制粒10目、整粒14目（　） ②制粒14目、整粒10目（　） ③制粒24目、整粒50目（　） ④制粒24目、整粒10目（　）
3	空白制粒制备过程中注意事项说法正确的有哪些？	①应采用等量递加法将蓝淀粉与处方中其他辅料混合均匀（　） ②制粒时,不可使用金属用具（　） ③颗粒干燥时的温度应尽量高,以提高生产效率（　） ④制粒与整粒时,均可选用尼龙筛网（　）
4	颗粒剂的质量检查说法正确的哪些？	①外观应干燥、色泽一致（　） ②粒度检查时,选用的筛号为1号筛与5号筛（　） ③粒度检查时,要求不能通过1号筛（　）、2号（　）、3号筛（　）与能通过5号筛（　）、6号筛（　）、7号筛（　）的总和不得超过供试量的5%（　）、10%（　）、15%（　） ④溶化实验时,可溶颗粒应全部溶解,不得有异物和出现轻微浑浊现象（　）

2.实训技能考核标准

学生姓名：_____　　　班级：_____　　　总评分：_____

评价项目	评价指标	具体标准	分值	学生自评	小组评分	教师评分
实践操作过程评价（60%）	生产前操作（5%）	仪器设备选择	1			
		原辅料领用	1			
		仪器设备检查	1			
		清洁记录检查	1			
		清场记录检查	1			

续表

评价项目	评价指标	具体标准	分值	学生自评	小组评分	教师评分
实践操作过程评价（60%）	生产操作（40%）	称量误差不超过±10%	4			
		粘合剂、润湿剂配制	6			
		混合操作	4			
		制软材操作	6			
		制粒操作	6			
		干燥操作	6			
		中间体质量控制	6			
		生产状态标识的更换	2			
	生产结束操作（5%）	余料处理	0.5			
		工作记录	3			
		清场操作	1			
		更衣操作	0.5			
	清洁操作（5%）	人流、物流分开	1			
		接触物料戴手套	1			
		洁净工具与容器的使用	1			
		清洁与清场效果	2			
	安全操作（5%）	操作过程人员无事故	2			
		用电操作安全	1			
		设备操作安全	2			
实践操作质量评价（30%）	湿颗粒评价（15%）	软材混合均匀	3			
		软材握之成团、触之即散	3			
		湿颗粒中无大块、长条	3			
		湿颗粒中粉末较少	3			
		湿颗粒在方盘中堆积厚度合理	3			
	干颗粒评价（15%）	干颗粒性状	4			
		过大颗粒与粉末比例	4			
		干颗粒具有一定硬度	3			
		成品得率	4			
实践合作程度评价（10%）	个人职业素养（5%）	能正确进行一更、二更操作	3			
		不留长指甲、不戴饰品、不化妆	0.5			
		个人物品、食物不带至工作场合	0.5			
		进场到退场遵守车间管理制度	0.5			
		出现问题态度端正	0.5			

续表

评价项目	评价指标	具体标准	分值	学生自评	小组评分	教师评分
实践合作程度评价（10%）	团队合作能力（5%）	对生产环节负责态度	1			
		做主操时能安排好其他人工作	1			
		做副操时能配合主操工作	1			
		能主动协助他人工作	1			
		发现、解决问题能力	1			
总分			100			

>>> 【常见设备的标准操作规程】

26.摇摆制粒机标准操作规程

摇摆式制粒机 SOP

目的：规范颗粒工序的制粒操作。

适用范围：颗粒工序使用制粒机制粒。

责任者：

1.车间主任、质管员，负责操作过程的监督和检查；

2.本工序负责人，负责指导操作工正确实施本规程；

3.操作工，有按本规程正确操作的责任。

操作规程：

1.准备过程

1.1 预先将生产所用原辅料按工艺要求进行处理；

1.2 准备好生产所用的原辅料和粘合剂或润湿剂；

1.3 检查生产所用原辅料质量是否符合要求；

1.4 检查上班次清场是否符合要求，生产所用一切用具容器是否干净；

1.5 准备好已校验合格的计量器具。

2.混合操作过程

2.1 将原辅料投入混合机容器中；

2.2 先启动混合机，进行原辅料的干混；

2.3 加入规定量的粘合剂混合。或按工艺要求边加粘合剂边混合制粒；

2.4 待达到要求时，停机倾斜放出软料，用接料车接软料。

3.制粒操作过程

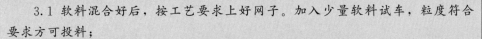

3.1 软料混合好后，按工艺要求上好网子。加入少量软料试车，粒度符合要求方可投料；

3.2 制粒时要随时检查颗粒的软硬度是否出现两头长条及松紧不一的现象；

3.3 混合制粒完毕后，将容器内剩余的物料清理干净；

3.4 按《摇摆制粒的清洁标准操作规程》进行清洁；

3.5 填写生产、清洁、清场记录。

4. 操作结果的评价

4.1 检查湿颗粒外观，应符合要求；

4.2 湿颗粒的粒度，应符合要求。

5. 操作过程复合与控制

5.1 操作过程最少要两人，复核投料的原辅料和粘合剂或润湿剂品名、数量是否与生产指令相符；

5.2 生产过程的搅拌混合必须均匀一致。

6. 操作过程注意事项

6.1 每次投料，只能按容器容积的 2/3 加入原辅料；

6.2 检查网子破损时，切勿手摸。发现有大块软料或颗粒掉下来时，证明网子已破，需马上停机更换。机中有异物时，切不可用手取，必须停机排除。

7. 操作过程使用的物品、设备、器具

物品	原辅料、粘合剂或润湿剂
设备	摇摆式制粒机、混合机
器具	接料车、不锈钢桶、电子秤、干燥车、不锈钢盘

8. 操作异常情况处理

8.1 当制粒机负荷运行出现异常噪音或振动时，必须立即停机，排除故障后，方可使用；

8.2 湿颗粒发现有异物（如黑点或力度不符合工艺要求时，必须查明原因后方可继续头料）。

27.高效湿法混合制粒机标准操作规程

高效湿法混合制粒机 SOP

目的：规范 HLSG-25L 型高效湿法制粒机操作。

范围：HLSG-25L 型高效湿法混合制粒机。

职责：设备管理员、操作工、QA 监督员。

内容：

一、开机前准备工作。

1.查验清场是否合格，人流、物流通道要畅通无阻，现场杂物清理干净。

2.查看、准备本岗位所需的工器具是否齐全。

3.核对原辅料名称、规格、合格证。

4.检查各机械部分、电器按钮、气、液形状各部分是否正常。

5.打开压缩空气供气阀，装上容器盖上的排气过滤袋，检查气路及元件应无漏气现象，压力不低于 0.5MPa。

6.接通电源，启动各系统操作控制按钮，检查各部分运行是否正常。

7.按工艺规定调整供气供液开关，并关好料门。

二、开机运行

1.接通气源、水源、电源。把气、水转换阀旋转到通气的位置。检查气压（$P \geqslant 0.5$MPa）。

2.观察信号灯亮，打开物料锅盖。

3.按工艺规定加入定量的物料，启动搅拌按钮，混合搅拌 30～40 秒后，加入定量的粘合剂，暂不使用喷液器。如采用人工上料时，上料完毕应清洁台面及被药粉污染的部位，最后关好上盖。

4.打开供气系统使出料口关闭。

5.投入物料。

6.启动高速搅拌桨进行药粉混合，约 30 秒后再加粘合剂。

7.按工艺规定启动切碎电机和搅拌电机，定转时间不得超过 10 秒。

8.启动切碎电机，按工艺要求高速或低速进行切料（制料）

9.检查制成的颗粒是否符合工艺要求。

10.停止切料刀转动，打开出料门，使搅拌桨将物料完全推出，并使搅拌桨停止转动约 20 秒，待安全指示绿灯亮时，方能开启缸盖。

三、操作注意事项

使用喷液器时，应按工艺要求检查压缩空气洁净度。

四、清洁与保养

1.清洁供水、供液、供气系统。

2.分解拆卸搅拌桨、切碎刀、清除内部所藏药粉，并清洁干燥。

3.清洁容器内部，待干燥后将搅拌桨、切碎刀安装回原来位置。

4.重新检查开关元件是否完好，搅拌桨、切碎刀紧固无松动，元件无丢失。

28.全自动颗粒包装机的标准操作规程

全自动颗粒包装机SOP

目的：建立全自动颗粒包装机设备的标准操作规程，保证设备的正常运转。

范围：适用于 DXD80 自动充填包装机的操作。

责任：

1.设备管理人员负责 DXD80 自动充填包装机标准操作规程的制定

2.岗位操作人员负责按标准操作规程进行操作

内容：

一、开机前准备工作

1.查看设备的使用记录，了解设备的运行情况，确认设备能正常运行。

2.检查设备的清洁情况，并进行必要的清洁。

3.检查设备的润滑情况，按要求对设备各传动部件进行润滑。

4.检查各零部件连接是否完好，有无松动。

5.将包装材料按正确的穿膜方式安装到位。

6.根据所用的包装材料，在温控仪上设定热封温度。

7.设定袋长：通过操作面板上的袋长设定开关，直接设定包装袋长度值，启动机器运转，并观察袋长检测值是否与包装要求相符，若有差异可调整设定值，使之达到要求。使用印有色标的包装材料时只需按动"光电"键即可。

8.通过调节热封器上的调整螺栓调整热封压力，以达到包装要求。

9.调整成型器：按正确的方式调整成型器达到成型效果。

10.确定切刀位置：将纸装好后通过成型器装入拉滚轮中一直拉到输送袋附近，将包装纸色标对正热封器横封中间位置，一般情况为距横封道1～2袋（整数位置）将切刀紧固，并手动裁纸，直至能顺利才开为止。

11.调整光电灵敏度：将电控箱上的总电源放到 ON 的位置上，光电头上绿色指示灯亮。光电灵敏度用红灯表示，红灯亮表示光电头照射在浅色区域，红灯灭为照在深色色标点上。

12.确定光电头位置：将包装材料放入导纸板中并使光轴垂直于包装材料，转动拉袋滚轮，使包装材料上的光标位于横封封道中间，再移动光电眼，将其置于光标位置。

13.包装速度的调整：通过调整机器右下门调速器手扭调整合适的速度。

二、开机运行

在上述调整完成后，拨动启动开关，使机器运转并连续切出几个合格的空袋后，开始充料运行，即将物料倒入料仓内，扳动"填充"离合器手柄开始充料，充料5～6袋后进行称量，根据称量结果进行调整，使之符合要求，即可正常运转。

三、停机

1.扳动"填充"离合器手柄停止供料。

2.按下停机按钮，主机停止运转。

3.按要求准确、认真填写设备使用记录，工作中注意保持设备的清洁和环境卫生。

4.工作完毕，切断总电源。

四、安全注意事项

1.严禁用水冲洗设备，在清洁机器时必须严防电器设备受潮。

2.清洁热封器时，应使用专用铜丝刷，禁止用手触摸，防止烫伤。

3.设备运行时，不得将手及其他工具伸入，以免发生设备人身事故。

（范高福）

项目十六　硬胶囊剂

>> 【实训目标】

一、知识目标

1.掌握胶囊剂的概念、分类、特点及质量要求；

2.熟悉囊壳的组成、规格及要求，胶囊剂的制备方法。

二、能力目标

学会半自动胶囊填充机、手工填充硬胶囊、全自动胶囊填充机的操作方法及维护；熟悉胶囊剂重量差异的检查；了解硬胶囊的制备过程及全自动胶囊填充机的填充原理。

任务 29　板蓝根胶囊的制备

>> 【处方】

板蓝根浸膏	50g	糖粉	250g
糊精	100g	无水乙醇	适量
0号囊壳	若干	共制成胶囊	1000粒

▶▶·【处方分析】

板蓝根浸膏为主药，糖粉为矫味剂，糊精为填充剂，无水乙醇为抗黏剂，囊壳为囊材。

▶▶·【临床适应证】

清热解毒，凉血利咽。用于肺胃热盛所致的咽喉肿痛、口咽干燥；急性扁桃体炎见上述症候者。

▶▶·【生产工艺流程图】

板蓝根胶囊的生产工艺流程见图16-1。

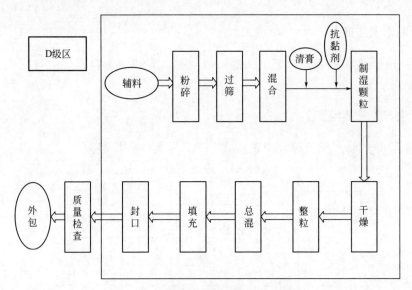

图16-1　板蓝根胶囊的生产工艺流程

▶▶·【制备方法】

取板蓝根500g，适当粉碎成寸段，加适量水（以浸没药材为宜）浸泡1h，煎煮2h，滤出煎液；药渣再加适量水煎煮1h，合并煎液，过滤；滤液浓缩至适量，加乙醇使含醇量为60%，搅匀，静置过夜；取上清液回收乙醇，浓缩成相对密度为1.30～1.33（80℃）的浸膏。取板蓝根浸膏，按处方加入糖粉及糊精，制成软材，过16目筛制粒，干燥。每袋5g或10g分装即得。

▶▶·【主要物料】

原料有板蓝根清膏；辅料有糖粉、糊精、0号囊壳、无水乙醇等。

任务 30 氨咖黄敏胶囊（速效感冒胶囊）的制备

》·【处方】

对乙酰氨基酚	300g	维生素 C	100g
胆汁粉	100g	咖啡因	3g
马来酸氯苯那敏（扑尔敏）	3g	10％淀粉浆	适量
食用色素	适量	共制成硬胶囊	1000 粒

》·【处方分析】

对乙酰氨基酚、马来酸氯苯那敏（扑尔敏）、咖啡因为主药，维生素 C 为抗氧剂，10％淀粉浆为粘合剂，食用色素为着色剂。

》·【临床适应证】

本品用于感冒引起的鼻塞、头痛、喉咙痛、发热等。口服，一日三次，一次1～2 粒。

》·【生产工艺流程图】

氨咖黄敏胶囊（速效感冒胶囊）的生产工艺流程见图 16-2。

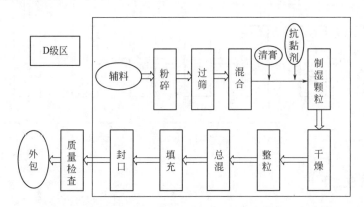

图 16-2 氨咖黄敏胶囊（速效感冒胶囊）的生产工艺流程

》·【制备方法】

取上述各药物，分别粉碎，过 80 目筛；将 10％淀粉浆分为 A、B、C 三份，A加入食用胭脂红制成红糊，B 加入食用橘黄制成黄糊，C 不加色素为白糊；将对乙酰氨基酚分成三份，一份与马来酸氯苯那敏（扑尔敏）混匀后加入红糊，一份与胆汁粉、维生素 C 混匀后加入黄糊，一份与咖啡因混匀后加入白糊，分别制成软材后，过 14 目尼龙筛制粒，于 70℃干燥至水分 3％以下；将上诉三种颜色的颗粒混合均匀后，填入空心胶囊中，即得。

>>· 【主要物料】

原料有对乙酰氨基酚、维生素 C、胆汁粉、咖啡因、马来酸氯苯那敏（扑尔敏）等。

>>· 【主要生产设备】

万能粉碎机、湿法混合制粒机、快速整粒机、三维混合机、药典筛、电子天平、热风循环干燥箱、半自动胶囊填充机、胶囊清扫机、罩泡包装机等。

设备的种类及要点	设备展示
半自动胶囊填充机(图 16-3) 原理：集机、电、气为一体，可分别独立完成播囊、分体、药粉充填、锁紧等动作 结构：由送囊调头分离机构、药料充填机构、锁紧机构、变频调速机构、气动控制和电器控制系统、保护装置等部件以及真空泵和气泵附件组成 适用范围：胶囊充填粉状、颗粒状药品或保健品	 图 16-3 半自动胶囊填充机
立式胶囊抛光机(图 16-4) 原理：通过毛刷的旋转运动，带动胶囊沿抛光筒管壁做圆周螺旋运动，使胶囊顺螺旋弹簧前进，在与毛刷、抛光筒壁的不断摩擦下，使胶囊壳外表抛光，被抛光的胶囊从出料口进入废斗。由于负压的作用，胶囊在气流作用下，重量轻的不合格胶囊上升，通过吸管进入吸尘器内，重量大的合格胶囊继续下落，通过活动出料斗出料，有效达到抛光去废目的。抛光过程中被刷落的药粉及细小碎片，通过抛光筒壁上的小孔进入密封筒后，被吸入吸尘器内回收 结构：由料斗、抛光筒、密封筒、毛刷、联轴器、分体式轴承座、电机、配电箱、去废头、出料斗和机架等组成 适用范围：胶囊、片剂专用抛光设备，能除去胶囊及片剂表面上的粉尘，提高表面光洁度	 图 16-4 立式胶囊抛光机

续表

设备的种类及要点	设备展示
自动铝塑罩泡包装机(图 16-5) 原理:采用内加热形式,PVC 受热均匀,泡罩成型,吸泡、充填、网纹热封、打印批号、板块冲裁连续作业 适用范围:胶囊、片剂、胶丸、栓剂等包装	 图 16-5 自动铝塑罩泡包装机

>> 【相关主要仪器的设备结构和操作视频】

1. 硬胶囊剔废装置虚拟实训仿真

https：//www.icve.com.cn/portal _ new/sourcematerial/edit _ seematerial. html? docid＝topgaj-nfbbpaw-158kccg

2. 胶囊定向原理

https：//www.icve.com.cn/portal _ new/sourcematerial/edit _ seematerial. html? docid＝ghubasiql5rhyca7jb73fa

>> 【生产实训记录】

1. 实验结果记录格式表（表 16-1）

表 16-1 胶囊制备结果记录表

项目	板蓝根胶囊	速效感冒胶囊
外观		
装量差异		
崩解时限		
含量均匀度		

2. 产品展示及结果记录

(侧重于实训过程现象的记载及问题的处理)

>>· 【质量检查】

应符合胶囊剂项下有关的各项规定《中国药典》2015年版四部通则0103)。

1.水分（中药硬胶囊剂）：取供试品内容物，照水分测定法（通则0832）测定。除另有规定外，不得过9.0％。硬胶囊内容物为液体或半固体者不检查水分。

2.装量差异（表16-2）

表16-2 胶囊剂装量差异

平均装量或标示装量	装量差异限度
0.30g以下	±10％
0.30g及0.30g以上	±7.5％（中药±10％）

取供试品20粒（中药取10粒），分别精密称定重量，倾出内容物（不得损失囊壳），硬胶囊囊壳用小刷或其他适宜的用具拭净；软胶囊或内容物为半固体或液体的硬胶囊囊壳用乙醚等易挥发性溶剂洗净，置通风处使溶剂挥尽，再分别精密称定囊壳重量，求出每粒内容物的装量与平均装量。每粒装量与平均装量相比较（有标示装量的胶囊剂，每粒装量应与标示装量比较），超出装量差异限度的不得多于2粒，并不得有1粒超出限度1倍。

凡规定检查含量均匀度的胶囊剂，一般不再进行装量差异的检查。

3.崩解时限：硬胶囊或软胶囊，除另有规定外，取供试品6粒，按片剂的装置与方法（化药胶囊如漂浮于液面，可加挡板；中药胶囊加挡板）进行检查。硬胶囊应在30分钟内全部崩解；软胶囊应在1小时内全部崩解，以明胶为基质的软胶囊可改在人工胃液中进行检查。如有1粒不能完全崩解，应另取6粒复试，均应符合规定。凡规定检查溶出度或释放度的胶囊剂，一般不再进行崩解时限的检查。

4.微生物限度检查：以动物、植物、矿物质来源的非单体成分制成的胶囊剂、生物制品胶囊剂，按照非无菌产品微生物限度检查：微生物计数法（通则1105）、控制菌检查法（通则1106）及非无菌药品微生物限度标准（通则1107）检查，应符合规定。规定检查杂菌的生物制品胶囊剂，可不进行微生物限度检查。

>>· 【实训技能考核】

1.实训测试简表

实训技能理论知识点测试表

序号	测试题目	测试答案（在正确的括号里打"√"）
1	不宜制成胶囊的药物有哪些？	①对光敏感的药物（　） ②水溶性药物（　） ③稀乙醇溶解的药物（　） ④稀释性药物（　） ⑤易风化药物（　）

续表

序号	测试题目	测试答案(在正确的括号里打"√")
2	制备空胶囊的主要原料有哪些?	①明胶( ) ②阿拉伯胶( ) ③虫胶( ) ④虫蜡( ) ⑤玉米朊( )
3	不属于硬胶囊质量要求有哪些?	①外观( ) ②装量差异( ) ③溶出度( ) ④崩解度( ) ⑤水分含量( )

2. 目标检测题

(1) 胶囊剂的囊壳制备原料是什么,有哪些型号?

(2) 胶囊剂生产过程中有哪些问题,如何去处理?

>>· 【技能考核标准】

硬胶囊制备操作技能考核标准

学生姓名:＿＿＿＿＿＿＿＿＿＿　　　　　班级:＿＿＿＿＿＿＿＿＿＿　　　　　总评分:＿＿＿＿＿＿＿＿＿＿

评价项目	评价指标	具体标准	分值	学生自评	小组评分	教师评分
实践操作过程评价(60%)	生产前操作(5%)	仪器设备选择	1			
		原辅料领用	1			
		仪器设备检查	1			
		清洁记录检查	1			
		清场记录检查	1			
	生产操作(40%)	称量误差不超过±10%	3			
		混合操作	6			
		制粒操作	5			
		干燥操作	6			
		制粒操作	6			
		填充操作	6			
		质量控制	6			
		生产状态标识的更换	2			
	生产结束操作(5%)	余料处理	0.5			
		工作记录	3			
		清场操作	1			
		更衣操作	0.5			

续表

评价项目	评价指标	具体标准	分值	学生自评	小组评分	教师评分
实践操作过程评价（60%）	清洁操作（5%）	人流、物流分开	1			
		接触物料戴手套	1			
		洁净工具与容器的使用	1			
		清洁与清场效果	2			
	安全操作（5%）	操作过程人员无事故	2			
		用电操作安全	1			
		设备操作安全	2			
实践操作质量评价（30%）	湿颗粒评价（10%）	软材混合均匀	2			
		软材握之成团、触之即散	2			
		湿颗粒中无大块、长条	2			
		湿颗粒中粉末较少	2			
		湿颗粒在方盘中堆积厚度合理	2			
	干颗粒评价（10%）	干颗粒性状	2			
		过大颗粒与粉末比例	2			
		干颗粒具有一定硬度	3			
		成品得率	3			
	胶囊评价（10%）	囊体和囊帽的锁扣紧密与否	5			
		胶囊表明是否有微粉	5			
实践合作程度评价（10%）	个人职业素养（5%）	能正确进行一更、二更操作	1			
		不留长指甲、不戴饰品、不化妆	1			
		个人物品、食物不带至工作场合	1			
		进场到退场遵守车间管理制度	1			
		出现问题态度端正	1			
	团队合作能力（5%）	对生产环节负责态度	1			
		做主操时能安排好其他人工作	1			
		做副操时能配合主操工作	1			
		能主动协助他人工作	1			
		发现、解决问题能力	1			
		总分	100			

>>· 【常见设备的标准操作规程】

29. 半自动胶囊填充机的标准操作规程

半自动胶囊填充机 SOP

目的：建立 NJP200 实验型胶囊填充机标准操作规程，使其操作规范化、标准化。

适用范围：适用于 NJP200 实验型胶囊填充机。

责任：操作者、设备工程部、生产技术部。

内容：

1. 开机前要把机器检查一遍，并用手轮转动主机轴，使机器运转 1～3 个循环，然后将电源开关 SA7 接通，电压指示灯亮，变频器示屏显示。

2. 机器的运转分调试、点动和自动三种运动状态。试机时，要先选点动运行。将开关 SA6 扳向点动方向，真空泵正常工作，主机为点动运行，无任何问题后方可进入连续运行（调试状态为出厂校机所用）。

3. 将开关 SA6 扳向自动方向，关紧四扇护门。

4. 按真空启动按钮（SB3），绿色指示灯亮。

5. 按主机启动按钮（SB1），绿色指示灯亮。

6. 供药延时（KT1）计时到预设值，供料指示灯亮，供料电机工作，药料高度进入物位传感器探测范围，供料停止，进入循环状态。

7. 变频器控制板操作

7.1 按"△"键频率上升，机器运转加快；按"▽"键频率下降，机器运转减速。

7.2 机器在刚使用 100 小时磨合器内，请将速度定在 100 转/分（40Hz）以内。

8. 在需要立即停止的情况下，按急停按钮（SBO），机器立即停机，按钮自锁。按按钮箭头方向旋转一下解除自锁。

9. 当班结束，切断电源，按照《清洁规程》及《维护保养规程》清洁和保养。认真填写操作记录，并按照《设备状态标志管理规程》进行工作。

30.胶囊铝塑泡罩包装机的标准操作规程

胶囊铝塑泡罩包装机 SOP

一、工作前条件

上次生产清场合格，室内温度、湿度合格。人员卫生着装合格。机器状态正常。

二、包装前准备

包装前准备好适合本次包装胶囊剂规格的硬片和铝箔、原料药（如药粉及颗粒）核对无误。冷却水系统正常循环供应。

三、电源线路专人负责检查

在安全正常情况下使用电源。检查机器是否正常，如运转平稳性、运转声音有无异常；运转机件是否润滑均速平稳；固定部件有无松动等情况。要做全面细致的检查。以确保机器正常安全合格包装。

四、使用程序、方法及注意事项

要严格按机器说明书执行。机器润滑油，包装材料上机、预热（温度、时间）操作运行及运行后的状态要专人负责及检查。

五、模具调整与更换

给模具相关链轮、冲载机构等部件的调整与更换，热封网轮的调整，生产批号的更换，加热管及温度传感器的更换由受过专门培训并能准确操作的专职人员操作，并检查运行状态保证良好正常运转。

六、故障与排除

发现故障及时停机。报请生产负责人组织专业专职人员排除。

七、电器维修保养

请专业人员操作非专业人员严禁接触供电系统，以确保人身及机械安全。

八、本批药品包装完后及时清场

清理本批药品的原辅料、包装材料、半成品及成品，机械清理、清洁并经质监人验收批准，挂上合格标志，做好清场记录。

九、机械保养、维护、维修

按设备使用、维修操作规程执行。专人负责。做好记录，保证设备处于正常运转状态。

（龚菊梅，范高福）

项目十七　片剂的制备

>>> 【实训目标】

一、知识目标

1. 掌握片剂的概念、特点、分类及质量要求；

2. 掌握片剂的辅料及湿法制粒压片法；

3. 熟悉粉末直接压片法、片剂生产过程中出现的问题与解决的方法及片剂的质量检查。

二、能力目标

掌握实验室中旋转压片机、智能硬度脆碎度仪的结构和操作方法；掌握旋转压片机的拆卸、组装、调试及维护；制备过程中出现问题与解决方法及质量评定方法；了解单冲压片的操作及原理，片剂的辅料种类及选用。

任务 31　空白片的制备

⟩⟩· 【处方】

微晶纤维素	2.00kg	乳糖	0.40kg
羧甲基淀粉钠	0.192kg	聚维酮 K30	0.050kg
硬脂酸镁	0.026kg	制成	1600 片

⟩⟩· 【处方分析】

微晶纤维素、乳糖为填充剂，羧甲淀粉钠为崩解剂，聚维酮 K30 为粘合剂，硬脂酸镁为润滑剂。

⟩⟩· 【用途】

本实训通过空白片的压制，强化基本技能的操作及质量要求项目的检查。

⟩⟩· 【生产工艺流程图】

空白片的生产工艺流程见图 17-1。

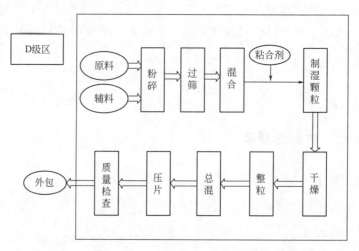

图 17-1　空白片的生产工艺流程

>>· 【制备方法】

1. 混合：将内加辅料微晶纤维素、乳糖倒进高速混合制粒机混合，设定搅拌转速 100r/min，开动机器，混合 120s。

2. 制粒：设定湿混合搅拌桨转速 120r/min，切碎刀转速 1500r/min，点击自动启动，向高速混合制粒机缓慢加入 5%聚维酮 K30 纯化水浆，制粒时间 200s，颗粒制好后，点击卸料启动，将颗粒卸在料桶内。

3. 颗粒干燥：将制好的颗粒送入烘箱，低于 80℃干燥至水分 1.0%～4.0%。

4. 整粒：将烘好的颗粒用装有 18 目筛的工业振荡筛进行整粒。

5. 总混：将整好的颗粒倒入小三维运动混合机，加入处方量外加辅料硬脂酸镁和羧甲基淀粉钠，开启小三维运动混合机，混合 6 分钟，混合均匀。

6. 称重，计算片重，试压片，调节片重和压力，使之符合要求，即可正式压片。

>>· 【注解】

将处方原辅料一定要充分混合均匀，以免压制成的片剂出现色斑、花斑现象。加入乙醇的量要根据不同情况适当增减。本品为白色片剂，外观应完整光洁，色泽一致，并具有一定的硬度。压片过程中应经常检查片重、硬度等，发现异常，应立即停机进行调整。

>>· 【主要物料】

微晶纤维素、乳糖、聚维酮 K30、硬脂酸镁、羧甲基淀粉钠等。

任务 32　对乙酰氨基酚片的制备

>>· 【处方】

对乙酰氨基酚	300g	淀粉	15g
淀粉浆	40g	硬脂酸镁	30g
制成	1000 片		

>>· 【处方分析】

对乙酰氨基酚为主药；淀粉为稀释剂；淀粉浆为粘合剂；硬脂酸镁为润滑剂等。

>>· 【临床适应证】

用于缓解轻中度疼痛，如头痛、紧张性头痛、偏头痛、关节痛、肌肉痛、痛经、牙痛、神经痛，也用于普通感冒或流行性感冒引起的发热。

【生产工艺流程】

同任务 31。

【制备方法】

1. 淀粉浆的制备：将淀粉溶于适量温水中，搅拌，使淀粉分散成均匀的混悬液，及时加入沸水不断搅拌成糊状（淀粉与总用水量之比约为 1∶2）。

2. 对乙酰氨基酚片的制备

① 混合：将对乙酰氨基酚粉末和干淀粉用等量递增混合法混合均匀，加入热的淀粉浆制成"轻握成团，轻压即散"的软材；

② 制粒：用 10 目尼龙筛制粒；

③ 干燥：将制得的湿颗粒在 40～60℃干燥 4～5 小时；

④ 整粒：干燥颗粒用 16 目尼龙筛整粒，与硬脂酸镁混匀；

⑤ 压片：以 ϕ9mm 冲模压片，即得。

【注意事项】

1. 对乙酰氨基酚的结晶不适宜直接制粒，往往在压片过程中导致裂片，故必须粉碎成细粉，有利于粘合剂与粉末表面直接接触而制成坚实的颗粒。

2. 制粒时所用淀粉浆浓度不宜过低，一般应采用 30%～50%，这样高浓度的淀粉浆不易成熟，特别是在将淀粉分散时要用温水，水温很重要，夏天约 40℃，冬天 60～70℃。低浓度的淀粉浆制的颗粒，压片时易产生裂片，同时烘干时间要相应延长。在制粒时亦要注意将颗粒制得紧一些。

3. 干燥时颗粒要铺得厚薄均匀，厚度约为 2.5cm，干燥时中间翻动一次，干燥温度不宜超过 60℃，温度过高，对乙酰氨基酚易分解。干粒水分控制在 1%～2%。

4. 压片前以干颗粒总重计算片重。刚压好的药片表面有较多的静电，静电使药片表面吸附较多的粉末，将此药片置于绝缘的容器中，放置一天后自行脱落。

处方中硫脲作抗氧剂，一般水溶液中应用浓度为 0.05%～0.1%。

【主要物料】

对乙酰氨基酚、淀粉、硬脂酸镁等。

【主要生产设备】

粉碎机、10 目尼龙筛、湿法混合制粒机、快速整粒机、热风循环干燥箱、16 目尼龙筛、旋转压片机、电子天平、智能硬度脆碎度测量仪、烧杯、牛角匙、玻璃棒等。

1. 片剂的定义、种类及特点

片剂的定义、种类及特点	设备展示
片剂是原料药物或与适宜的辅料均匀混合后压制而成圆形或异形的片状固体制剂(图 17-2) 　　片剂以口服普通片为主,也有含片、舌下片、口腔贴片、咀嚼片、分散片、泡腾片、阴道片、速释或缓释或控释片与肠溶片等 　　片剂的组分:主药(原料药或药材提取物等)和辅料(填充剂、粘合剂、崩解剂、润滑剂等) 　　特点: 　　优点:①携带、运输方便;②用途广泛,可以满足不同的临床需要;③质量稳定;④剂量准确、含量均匀、成本低 　　缺点:①起效慢,生物利用度相对较低;②儿童、老人及昏迷患者不易吞服;③含挥发性成分的片剂贮存较久时含量下降	 图 17-2　片剂

2. 片剂生产常见设备

设备的种类及要点	设备展示
单冲压片机(图 17-3) 　　原理:一种小型台式电动连续压片的机器,压片机下冲的冲头部位(其工作位置朝上)由中模孔下端伸入中模孔中,封住中模孔底,利用加料器向中模孔中填充药物,上冲的冲头部位(其工作位置朝下)自中模孔上端落入中模孔,并下行一定行程,将药粉压制成片,上冲提升出孔。下冲上升将药片顶出中模孔,完成一次压片过程,下冲降到原位,准备下一次填充 　　适用范围:适用于实验室试制和小批量生产	 图 17-3　单冲压片机

续表

设备的种类及要点	设备展示
旋转式压片机(图 17-4) 原理:基于单冲压片机的基本原理,同时又针对瞬时无法排出空气的缺点,变瞬时压力为持续且逐渐增减压力,从而保证了片剂的质量。旋转式压片机对扩大生产有极大的优越性,由于在转盘上设置多组冲模,绕轴不停旋转。颗粒由加料斗通过饲料器流入位于其下方的,置于不停旋转平台之中的模圈中。该法采用填充轨道的填料方式,因而片重差异小。当上冲与下冲转动到两个压轮之间时,将颗粒压成片 适用范围:适合工业化批量生产	 图 17-4　旋转式压片机
高效包衣机(图 17-5) 原理:素片在洁净、密闭的旋转滚筒内在流线型导流板的作用下做复杂的轨迹运动,按工艺参数自动喷洒包衣辅料,同时在负压状态下,热风由滚筒中心的气体分配管一侧导入,洁净的热空气通过素片层,风桨汇集到气体分配管的另一侧排出,使喷洒在素片表面的包衣介质得到快速、均匀的干燥,从而在素片表面形成一层坚固、致密、平整、光滑的表面衣层 适用范围:对素片包制糖衣、薄膜衣或缓控释包衣	 图 17-5　高效包衣机
智能硬度脆碎度仪(图 17-6) 主要特点:采用单片微型计算机进行控制,高精度压力传感器,数字显示硬度值,单位千克力。可连续测量片剂的硬度值,人工装片,手动加压,自动显示,自动锁存,自动复位,自动循环测试 适用范围:片剂的硬度和脆碎度的测量	 图 17-6　智能硬度脆碎度仪

>> ·【质量检查】

1.外观检查：片剂外观应完整光洁，色泽均匀，边缘整齐，有适宜的硬度和耐磨性。

2.重量差异

方法：取供试品 20 片，精密称定总重量，求得平均片重后，再分别精密称定每片的重量，每片重量与平均片重比较（凡无含量测定的片剂或有标示片重的中药片剂，每片重量应与标示片重比较），按表 17-1 中的规定，超出重量差异限度的不得多于 2 片，并不得有 1 片超出限度 1 倍。

表 17-1　片剂重量差异限度

平均片重或标示片重	重量差异限度
0.30g 以下	±7.5%
0.30g 及 0.30g 以上	±5%

糖衣片的片芯应检查重量差异并符合规定，包糖衣后不再检查重量差异。薄膜衣片应在包薄膜衣后检查重量差异并符合规定。

3.硬度与脆碎度：硬度与片剂的崩解和溶出有密切关系。目前，《中国药典》未做统一规定，但各生产单位都有各自的内控标准，常为 30～40N。

脆碎度检查：本法用于检查非包衣片的脆碎情况及其他物理强度，如压碎强度等。

具体方法：检查法片重 0.65g 或以下者取若干片，使其总重约为 6.5g；片重大于 0.65g 者取 10 片。用吹风机吹去片剂脱落的粉末，精密称重，置圆筒中，转动 100 次。取出，同法除去粉末，精密称重，减失重量不得 1%，且不得检出断裂、龟裂及粉碎的片。本试验一般仅做 1 次。如减失重量超过 1%时，应复测 2 次，3 次的平均减失重量不得过 1%，并不得检出断裂、龟裂及粉碎的片。如供试品的形状或大小使片剂在圆筒中形成不规则滚动时，可调节圆筒的底座，使与桌面成约 10°的角，试验时片剂不再聚集，能顺利下落。对于形状或大小在圆筒中形成严重不规则滚动或特殊工艺生产的片剂，不适于本法检查，可不进行脆碎度检查。对易吸水的制剂，操作时应注意防止吸湿（通常控制相对湿度小于 40%）。

4.崩解时限

检查法：除另有规定外，取供试品 6 片，分别置于智能崩解仪吊篮的玻璃管中，将不锈钢管固定于支架上，浸入 1000ml 杯中，杯内盛有温度为 37℃±1℃的水约 900ml，调节水位高度使不锈钢管最低位时筛网在水面下 15mm±1mm，启动崩解仪进行检查，各片均应在 15 分钟内全部崩解。如有 1 片不能完全崩解，应另取 6 片复试，均应符合规定。

5.微生物限度：按照非无菌产品微生物限度检查：微生物计数法（通则 1105）、

控制菌检查法（通则 1106）及非无菌药品微生物限度标准（通则 1107）检查，应符合规定。

>> ·【实训结果】

实训结果见表 17-2～表 17-4。

表 17-2　压片生产记录 1

品名	规格	批号	批量/万片	日期
操作步骤	记录		操作人	复核人
1.检查房间上次生产清场纪录	已检查,符合要求□			
2.检查房间温度、相对湿度、压力	温度：　　　℃ 相对湿度：　　　% 压力：　　　MPa			
3.检查房间中有无上次生产的遗留物,有无与本批产品无关的物品、文件	已检查,符合要求□			
4.检查磅秤、天平是否有效	已检查,符合要求□			
5.检查用具、容器应干燥洁净	已检查,符合要求□			
6.按生产指令领取模具和物料	已领取,符合要求□			
7.按程序安装模具,试运行转应灵活、无异常声音	已试运行,符合要求□			
8.料斗内加料,并注意保持料斗内的物料不少于 1/2	已加料□			
9.试压,检查片重、硬度、崩解度、外观	已检查,符合要求□			
10.正常压片,每 15 分钟检查片重差异	已检查,符合要求□			
11.压片结束,关机	已检查,符合要求□			
12.清洁,填写清场记录	已清场,填写清场记录□			
13.及时填写各种记录	已填写记录□			
14.关闭水、电、气	水、电、气已关闭□			

备注：

表 17-3　压片生产记录 2

品名			规格			批号	
指令	1	冲模规格：					
	2	设备完好清洁：					
	3	本批颗粒为：		标准片重：			g/片
	4	按压片生产 SOP 操作					
	5	指令签发人：					

压片机编号				完好与清洁状态			
					完好□　　清洁□		
使用颗粒总重量			kg	理论产量			kg

第（　）号机				第（　）号机			
日期	时间	10 片重量	外观质量	日期	时间	10 片重量	外观质量

填写人：

片重差异检测					
日期	时间	每片重/g		平均片重 /(g/片)	波动范围 /(g/片)

填写人		复核人	

表 17-4　压片生产记录 3

品名			规格		批号		
硬度及脆碎度检查记录	日期	片数/n	硬度/N	日期	时间	脆碎度/%	
		1					
		2					
		3					
		4					
		5					
		6					
		7					
		8					
		9					
		10					
		11					
		12					
桶号							
净重量/kg							
数量/万片							
桶号							
净重量/kg							
数量/万片							
总重量		kg		总数量		万片	
回收粉头		kg		可见损耗量		kg	

物料平衡＝(片重量＋回收粉头＋可见损耗量)/领用颗粒总量×100％＝

收得率＝实际产量(万片)/理论产量(万片)×100％＝

操作人		复核人	

备注/偏差情况：

>> 【实训目标检测题】

1. 请写出空白片的主要制作工序和主要控制参数？

2. 请写出对乙酰氨基酚片的主要制作工序和主要控制参数？

3. 从理论的角度分析，为提高对乙酰氨基酚片剂的稳定性，需要加入哪些附加剂？

>> · 【技能考核标准】

空白片剂制备操作技能考核标准

学生姓名：_____　　　　　　班级：_____　　　　　　总评分：_____

评价项目	评价指标	具体标准	分值	学生自评	小组评分	教师评分
实践操作过程评价（45%）	生产前操作（5%）	仪器设备选择	1			
		原辅料领用	1			
		仪器设备检查	1			
		清洁记录检查	1			
		清场记录检查	1			
	生产操作（30%）	称量误差不超过±10%	2			
		粘合剂、润湿剂配制	3			
		混合操作	2			
		制软材操作	3			
		制粒操作	3			
		干燥操作	3			
		总混操作	2			
		压片操作	5			
		在线检测操作	5			
		生产状态标识的更换	2			
	生产结束操作（4%）	余料处理	0.5			
		工作记录	2			
		清场操作	1			
		更衣操作	0.5			
	清洁操作（4%）	人流、物流分开	1			
		接触物料戴手套	1			
		洁净工具与容器的使用	1			
		清洁与清场效果	1			
	安全操作（2%）	操作过程人员无事故	0.5			
		用电操作安全	0.5			
		设备操作安全	1			

续表

评价项目	评价指标	具体标准	分值	学生自评	小组评分	教师评分
实践操作质量评价（48%）	湿颗粒评价（10%）	软材混合均匀	2			
		软材轻握成团、轻压即散	2			
		湿颗粒中无大块、长条	2			
		湿颗粒中粉末较少	2			
		湿颗粒在方盘中堆积厚度合理	2			
	干颗粒评价（8%）	干颗粒性状	2			
		过大颗粒与粉末比例	2			
		干颗粒具有一定硬度	2			
		成品得率	2			
	压片机操作评价（10%）	压片机的调试和拆装操作	10			
	压片操作评价（10%）	压片的加料、填充、压片、出片等操作	10			
	在线检测评价（10%）	外观、硬度、片重等操作	10			
实践合作程度度评价（7%）	个人职业素养（4%）	能正确进行一更、二更操作	2			
		不留长指甲、不戴饰品、不化妆	0.5			
		个人物品、食物不带至工作场合	0.5			
		进场到退场遵守车间管理制度	0.5			
		出现问题态度端正	0.5			
	团队合作能力（3%）	对生产环节负责态度	0.5			
		做主操时能安排好其他人工作	0.5			
		做副操时能配合主操工作	0.5			
		能主动协助他人工作	0.5			
		发现、解决问题能力	1			
		总分	100			

▶▶ 【常见设备的标准操作规程】

31. 单冲压片机的标准操作规程

单冲压片机 SOP

目的：建立 DP30 系列单冲压片机使用及维护保养操作规程，确保仪器的正常使用。

范围：适用于 DP30 系列单冲压片机的使用和维护。

责任者：设备管理员。

内容：

一、主要技术指标

电源：220V/50Hz；外形尺寸（mm）：708×459×740；机器重量（kg）：150。

二、操作方法：

1. 模具的安装与调整

1.1 旋松固定在中模板上的 3 个紧固螺钉，取下中模板。

1.2 旋松下冲紧固螺钉，将下冲插入下模轴的孔中，并要插到底，下冲紧固螺钉不要旋紧。如果是圆形模具，下冲杆的缺口面要对准下冲紧固螺钉。

1.3 把中模平稳放在中模台上，同时使下冲进入中模的孔中，然后将中模板放在模台上，借助中模板的三个紧固螺钉，但不要旋紧。

1.4 松开上冲紧固螺钉，将上冲插入上冲导杆的孔中，并要插到底，注意上冲杆的缺口面要对准上冲紧固螺钉，旋紧上冲紧固螺钉。

1.5 用手轻轻转动手动轮，使上冲慢慢下降进入模孔中，若发生碰撞或摩擦，则调整中模板的位置，使上冲进入中模孔中。

如果是异型模具，要先转动下冲和中模，调整好和上冲得入模位置后，再调整好中模板的位置，使上冲进入中模孔。

1.6 顺序旋紧中模板的 3 个紧固螺钉，然后旋紧下冲紧固螺钉。

1.7 用手轻轻转动手动轮，观察上冲进入中模时有无碰撞或摩擦现象，若没有发生碰撞或摩擦方为安装合格，否则按上述方法重新调整至合格为止。

2. 出片的调整

2.1 用手轻轻转动手动轮，使下冲上升到最高位置，旋松调节螺母禁固螺钉，用拨杆调整环形的调节螺母，使下冲的上表面与中模孔的上表面平齐或低于上表面百分之几毫米，旋紧调节螺母禁固螺钉。

2.2 用手转动手动轮，空车运转十余转，若机器运转正常，则可加料试压，进行下一步调整。

3. 填充调整（即片重调整）：旋松填充紧固手柄，顺时针旋转填充手轮增大填充量，片机重量增加；逆时针旋转填充手轮减小填充量，片机重量减小，调整完成后，重新拧紧紧固手柄。

4.压力的调整（及片厚调整）

4.1 松开紧固螺栓，从上往下看，利用调压扳手（专用工具）顺时针旋转齿轮轴，这时压片压力增大，药片的厚度减小；逆时针旋转齿轮轴，这时压片压力减小，药片的厚度增加。压力调整完成后将紧固螺栓旋紧。

4.2 转动手动轮，试压几个药片，检查药片的片重、硬度和光洁度，若合格即可投料生产。

5.注意事项

5.1 初次使用前应对照机器实物详细阅读说明书，然后再使用。

5.2 本机器只能按一定方向运转，不可反转，以免损坏机器。

5.3 启动前应使上冲处在上升位置然后再启动，否则容易发生顶车。

5.4 顶车后的处理办法

5.4.1 首先立即关闭电源。

5.4.2 情况较轻时，可用力扳转手动轮使上冲通过"死点"。

5.4.3 只允许一人扳动手动轮，情况严重时，可用手扳转手动轮反转半周至上冲离开冲模时，逆时针旋转齿轮轴以减小压片压力，然后再正向转动手动轮，使上冲通过"死点"将药片顶出。

5.5 机器设置的安全门和外罩不完全关闭时，电动机不启动。

6.维护和保养

6.1 每次使用前必须将全部油杯、油孔和润滑面上润滑油，并空车运转使各摩擦面布满油膜，然后投入使用。

6.2 使用前检查螺丝是否松动。

6.3 经常检查冲模质量，并及时更换。

6.4 保持日常清洁。

32.旋转压片机的标准操作规程

ZP 旋转压片机 SOP

目的：建立旋转式压片机的操作标准程序。

范围：适用于旋转式压片机的操作的过程。

责任者：操作工、车间管理人员对本规程的实施负责，工程部负责人对本规程的过程有效执行承监督检查责任。

内容：

1.开机前的检查工作

1.1 机台上是否有异物体，如有应及时取出。

1.2 检查配件及模具是否齐全。

1.3 准备好接料容量。

2. 操作步骤

2.1 打开石侧门，装上手轮。

2.2 装配好冲模，加料器、加料斗。

2.3 转动手轮，空载运行1~3圈，检查冲模运动是否灵活自如、正常。

2.4 合上操作左侧的电源开关，面板上电源指示灯 H1 点亮，压力显示 P1 显示压片支撑力，转速表 P2 显示"0"，其余部件应无指示。

2.5 转动手轮，检查充填量大小和片剂成型情况。

2.6 拆下手轮，合上侧门。

2.7 压片和准备工作就绪，面板上无故障，显示一切正常，开机，按动增压点动钮，将压力显示调整所需压力，按动无级调速键调整频率适所需转速。

2.8 充填量调整：充填人调节空安装在机器前面中间两只调节手轮控制。中左调节手轮控制后压轮压制的片重。中右调节手轮按顺时针方向旋转时，充填量减少，反之增加。其充填的大小由测度指示，测度带每转一大格，充填量就增减1mm，刻度盘每转一小格，充填量就增减0.01mm。

2.9 片厚度的调节：片剂的厚度调节是由安装在机器前面两端的两只调节手轮控制。左端的调节手轮控制前压轮压制的片厚，右端的调节手轮控制后压轮压制的片厚。当调节手轮按顺时针方向旋转时。片厚增大，反之片厚减少。片剂的厚度由测度显示，刻度带每转过一大格，片剂厚度增大（减少）1mm，刻度盘每转过一小格，片剂的厚度增大（减少）0.01mm。

2.10 粉量的调整：当充填量调妥后，调整粉子的流量。首先松开斗架侧面的滚，再旋转斗架顶部的滚花，调节料斗口与转台工作面的距离，或料斗上提粉板的开启距离，从而控制粉子的流量。

2.11 所有调试完毕后，即可正式生产。

2.12 停机前先降低转速，关闭启动开关，关闭电源。

3. 填写设备运行记录。

33. 片剂自动铝塑泡罩包装机标准操作规程

片剂自动铝塑泡罩包装机 SOP

一、工作前条件

上次生产清场合格，室内温度、湿度合格。人员卫生着装合格。机器状态正常。

二、包装前准备

包装前准备好适合本次包装片剂规格的 PVC 塑料薄膜和铝箔、片剂（如品名、规格），核对无误。冷却水系统正常循环供应。

三、电源线路专人负责检查

在安全正常情况下使用电源。检查机器是否正常，如运转平稳性，运转声音有无异常，运转机件是否润滑均速平稳。固定部件有无松动等情况。要做全面细致的检查，以确保机器正常安全合格包装。

四、使用程序、方法及注意事项：

要严格按机器说明书执行。机器润滑油，包装材料上机、预热（温度、时间）操作运行及运行后的状态要专人负责及检查。

五、模具调整与更换

给模具相关链轮、冲载机构等部件的调整与更换，热封网轮的调整，生产批号的更换，加热管及温度传感器的更换由受过专门培训并能准确操作的专职人员操作，并检查运行状态保证良好正常运转。

六、故障与排除

发现故障及时停机。报请生产负责人组织专业专职人员排除

七、电器维修保养

请专业人员操作非专业人员严禁接触供电系统，以确保人身及机械安全。

八、本批药品包装完后及时清场

清理本批药品的原辅料、包装材料、半成品及成品，机械清理、清洁并经质监人验收批准，挂上合格标志，做好清场记录。

九、机械保养、维护、维修

按设备使用、维修操作规程执行。专人负责。做好记录，保证设备处于正常运转状态。

（张先文，范高福）

项目十八　片剂的质量检查

>> 【实训目标】

一、知识目标

1.片重的计算；

2.片剂各项目的质量检查。

二、能力目标

熟悉掌握崩智能崩解仪、智能溶出度仪的结构和操作方法；学会熟悉片剂崩解

度及溶出度检查方法；了解片剂的质量检测的影响因素。

任务 33 阿司匹林片的崩解度测定

▶▶· 【主要物料】

自制阿司匹林片等。

▶▶· 【主要检测设备】

智能崩解仪等。

设备的种类及要点	设备展示
智能崩解仪(图 18-1) 　　原理：根据《中国药典》有关片剂等崩解时限检测的规定而研制的机电一体药检仪器。主要结构为一能升降的金属支架与下端镶有筛网的吊篮，并附有挡板。药片置于吊篮中，加上挡板，在盛有液体的恒温容器中上下往复运动，以检查固体制剂在规定条件下的崩解情况 　　适用范围：适用于医药行业产品崩解时限检验	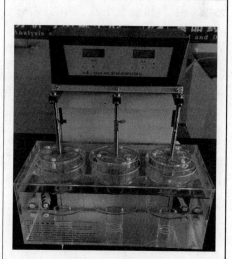 图 18-1　智能崩解仪

▶▶· 【检测方法】

具体见《中国药典》2015 年版四部通则 0921。

崩解时限检查法：本法系用于检查口服固体制剂在规定条件下的崩解情况。

崩解系指口服固体制剂在规定条件下全部崩解溶散或成碎粒，除不溶性包衣材料或破碎的胶囊壳外，应全部通过筛网。如有少量不能通过筛网，但已软化或轻质上漂且无硬心者，可作符合规定论。除另有规定外，凡规定检查溶出度、释放度或分散均匀性的制剂，不再进行崩解时限检查。

仪器装置：采用升降式崩解仪，主要结构为一能升降的金属支架与下端镶有筛网的吊篮，并附有挡板。升降的金属支架上下移动距离为 55mm±2mm，往返频率为每分钟 30～32 次。

（1）吊篮玻璃管 6 根，管长 77.5mm±2.5mm，内径 21.5mm，壁厚 2mm；透明塑料板 2 块，直径 90mm，厚 6mm，板面有 6 个孔，孔径 26mm；不锈钢板 1 块（放在上面一块塑料板上），直径 90mm，厚 1mm，板面有 6 个孔，孔径 22mm；不锈钢丝筛网 1 张（放在下面一块塑料板下），直径 90mm，筛孔内径 2.0mm；以及不锈钢轴 1 根（固定在上面一块塑料板与不锈钢板上），长 80mm。将上述玻璃管 6 根垂直置于 2 块塑料板的孔中，并用 3 只螺丝将不锈钢板、塑料板和不锈钢丝筛网固定，即得。

（2）挡板为一平整光滑的透明塑料块，相对密度 1.18～1.20，直径 20.7mm±0.15mm，厚 9.5mm±0.15mm；挡板共有 5 个孔，孔径 2mm，中央 1 个孔，其余 4 个孔距中心 6mm，各孔间距相等；挡板侧边有 4 个等距离的 V 形槽，V 形槽上端宽 9.5mm，深 2.55mm，底部开口处的宽与深度均为 1.6mm。

检查法：将吊篮通过上端的不锈钢轴悬挂于支架上，浸入 1000ml 烧杯中，并调节吊篮位置使其下降至低点时筛网距烧杯底部 25mm，烧杯内盛有温度为 37℃±1℃的水，调节水位高度使吊篮上升至高点时筛网在水面下 15mm 处，吊篮顶部不可浸没于溶液中。

除另有规定外，取供试品 6 片，分别置上述吊篮的玻璃管中，启动崩解仪进行检查，各片均应在 15 分钟内全部崩解。如有 1 片不能完全崩解，应另取 6 片复试，均应符合规定。

》》·【实训结果】

实训结果见表 18-1。

表 18-1　阿司匹林片的崩解时限检测结果情况

项目	供试品 S_1	供试品 S_2	供试品 S_3	供试品 S_4	供试品 S_5	供试品 S_6
崩解初时间						
崩解时时间						
崩解时限						

》》·【实训目标检测题】

1.智能崩解仪的结构组成与测量原理是什么？

2.影响崩解度测量的因素有哪些?

任务 34　对乙酰氨基酚片的溶出度测定

【主要物料】

自制对乙酰氨基酚片等。

【主要检测设备】

智能溶出仪等。

设备的种类及要点	设备展示
智能溶出仪(图 18-2) 原理:根据《中国药典》有关片剂等溶出度检测的规定而研制的机电一体药检仪器。主要由电动机、恒温装置、篮体、搅拌浆、溶出杯及杯盖等组成 适用范围:适用于医药行业产品溶出度检验	 图 18-2　智能溶出仪

知识链接

溶出度概念及意义

溶出度系指活动性药物成分从片剂、胶囊剂或颗粒剂等制剂在规定条件下溶出的速率和程度。它是评价口服固体制剂质量的一个指标，是一种模拟口服固体制剂在胃肠道中崩解和溶出的体外简易试验方法。

溶出度测定法将某种制剂的一定量分别置于溶出仪的转篮（溶出杯）中，在 37℃±0.5℃恒温下，在规定的转速、溶出介质中依法操作，在规定时间内取样并测定其溶出量。

【检测方法】

具体见《中国药典》2015 年版四部通则 0931。

溶出度系指活性药物成分从片剂、胶囊剂或颗粒剂等制剂在规定条件下溶出的速率和程度，在缓释制剂、控释制剂、肠溶制剂及透皮贴剂等制剂中也称释放度。

检测方法（普通制剂）：测定前，应对仪器装置进行必要的调试，使转篮或桨叶底部距溶出杯的内底部25mm±2mm。分别量取溶出介质置溶出杯内，实际量取的体积与规定体积的偏差应在±1%范围之内，待溶出介质温度恒定在37℃±0.5℃后，取供试品6片（粒、袋），如为第一法，分别投入6个干燥的转篮内，将转篮降入溶出杯中；如为第二法，分别投入6个溶出杯内（当品种项下规定需要使用沉降篮时，可将胶囊剂先装入规定的沉降篮内；品种项下未规定使用沉降篮时，如胶囊剂浮于液面，可用一小段耐腐蚀的细金属丝轻绕于胶囊外壳）。注意避免供试品表面产生气泡，立即按各品种项下规定的转速启动仪器，计时；至规定的取样时间（实际取样时间与规定时间的差异不得超过±2%），吸取溶出液适量（取样位置应在转篮或桨叶顶端至液面的中点，距溶出杯内壁10mm处；需多次取样时，所量取溶出介质的体积之和应在溶出介质的1%之内，如超过总体积的1%时，应及时补充相同体积的温度为37℃±0.5℃的溶出介质，或在计算时加以校正），立即用适当的微孔滤膜滤过，自取样至滤过应在30秒内完成。取澄清滤液，照该品种项下规定的方法测定，计算每片（粒、袋）的溶出量。

结果判定（普通制剂）：符合下述条件之一者，可判为符合规定。

（1）6片（粒、袋）中，每片（粒、袋）的溶出量按标示量计算，均不低于规定限度（Q）。

（2）6片（粒、袋）中，如有1~2片（粒、袋）低于但不低于Q−10%，且其平均溶出量不低于0。

（3）6片（粒、袋）中，有1~2片（粒、袋）低于Q，其中仅有1片（粒、袋）低于Q−10%，但不低于Q−20%，且其平均溶出量不低于Q时，应另取6片（粒、袋）复试；初、复试的12片（粒、袋）中有1~3片（粒、袋）低于Q，其中仅有1片（粒、袋）低于Q−10%，但不低于Q−20%，且其平均溶出量不低于Q。

以上结果判断中所示的10%、20%是指相对于标示量的百分率（%）。

溶出度的检测方法见表18-2。

表 18-2　溶出度的检测方法

检测方法	具体名称	实用剂型	仪器主要装置
第一法	篮法	普通制剂（如片剂等）、缓释制剂、控释制剂及肠溶制剂	转篮、溶出杯、篮轴与电动机相连

续表

检测方法	具体名称	实用剂型	仪器主要装置
第二法	桨法	普通制剂（如片剂等）、缓释制剂、控释制剂及肠溶制剂	搅拌桨、溶出杯、篮轴与电动机相连
第三法	小杯法	普通制剂（如片剂等）、缓释制剂、控释制剂	搅拌桨、溶出杯、搅拌桨与电动机相连
第四法	桨碟法	透皮贴剂	转篮、溶出杯、网碟、篮轴与电动机相连
第五法	转筒法	透皮贴剂	转筒、溶出杯、篮轴与电动机相连

【实训结果】

对乙酰氨基酚片的溶出度检测结果见表 18-3。

表 18-3 对乙酰氨基酚片的溶出度检测结果

项目	取样时间			取样量			含量			溶出量		
	t_1	t_2	t_3	V_1	V_2	V_3	m_1	m_2	m_3	A_1	A_2	A_3
供试品 S_1												
供试品 S_2												
供试品 S_3												
供试品 S_4												
供试品 S_5												
供试品 S_6												

【实训目标检测题】

1. 溶出度的含义及检测方法有哪些？
2. 测得溶出度时容易出现哪些问题及对策？

【主要仪器标准操作规范】

34. 智能崩解仪标准操作规范

智能崩解仪 SOP

目的：规范 ZB-IB 型智能崩解仪的操作。

适用范围：检验室 ZB-IB 型智能崩解仪。

责任：检验室操作人员对该规程的实施负责，检验室主任对本规程的有效执行承担监督检查责任。

操作规程：

一、操作方法

1. 打开总电源，面板显示"000"，时间显示窗的指示灯每秒闪亮一次，表示仪器处于正常等待状态，否则按复位键，使之处于上述状态。

2. 在正常等待状态下按上行、下行键，进行时间设定。

3. 温度预置的五个指示灯表示预置的不同温度，按"预置"键可以循环预置，若预置36.5℃时该灯呈不亮状态，其他四个灯亮，按"启动"键后，36.5℃指示灯呈亮状态，其他灯相反，此时水箱温度自动加温调整，温度显示窗的数值是水箱的实际温度，到达预置温度时自动停止加温。

4. 设定时间后，按启动键，电机开始工作，显示器恢复显示"000"，系统处于计时工作状态，工作至预定时间，发出蜂鸣信号，电机停止工作，显示器显示时间，只要按任意一键，蜂鸣信号停止。

5. 在工作状态时，按重显键，此时，显示预定时间，再按重显键，显示工作时间。

6. 在工作状态时，按重显键，此时，显示预定时间，再按重显键，显示"000"，系统重新从"000"开始工作，工作至预定时间停止。

7. 在工作状态时，按暂停键，工作暂停，显示器显示"P"。再按启动键，系统从刚才的工作时间累计重新开始工作。

8. 在工作状态时，按复位键，两个系统同时复位，至正常等待状态，时间显示窗显示的是原预置的时间。

9. 正常工作至预定时间后，继续按启动键，系统继续工作，累计预置时间。

10. 进行重复检测，先同时按"上行"和"清零"键，此时，检查预置时间是否正常，否则修正预置时间，再按启动键即可。

二、样品的测定

1. 取样品6个，分别置于洁净的吊篮玻璃管中，每管各放一个。

2. 需加挡板的各管加1块挡板。

3. 将装有供试品的吊篮浸入已达到温度为37℃±1℃的介质溶液中，按启动键，电机开始工作，系统处于计时工作状态，工作至预定时间，发出蜂鸣信号，预定时间内应注意供试品的崩解情况。

4. 测试完毕，关上总电源，拔下插头。

三、注意事项

1. 严禁无水升温，该仪器使用前一定要检查电源插头的地线是否可靠接地，连接加热器再开总电源。

2. 该仪器请勿置于潮湿处。

3. 水箱上方有连接塑料管的尼龙单向阀，防止水箱的水虹吸。

4. 橡胶垫非包装用，使用仪器时应将其置于有机玻璃水箱底部。

5. 若数码显示管不亮，请先检查保险管及电源。

6. 若温度显示窗显示"U"并蜂鸣报警，则说明传感器或加热器断线没有接好。

35. 智能溶出仪标准操作规程

智能溶出仪 SOP

1. 开启各个仪器的电源

开启主机、泵电源（在仪器背面右边），开启收集器电源（在仪器右侧），然后把装有取样瓶的架子放入收集器，依次按收集器上面板上的 Reset 键和 Start 键确保面板上的 Ready 灯亮。

2. 打开压缩气体阀，确保压力为 0.5MPa。

3. 加热水浴：按面板上水浴温度开关键开始加热，按键设置水浴温度（通常设置为 37.0℃）。

4. 安装过滤膜

打开滤膜装置放入过滤膜（滤膜规格根据试验要求），再合上过滤器，用力压紧过滤器确保紧密没有缝隙。

滤膜装载的密封检测：拔开过滤器（注意密封圈），放入滤膜，合上过滤器。

5. 清洗循环管路，检查管路是否堵塞。

用烧杯盛 1.5L 溶媒，把取样针和回补过滤头放入溶媒中，按菜单键-F4 键进入手动控制界面，用方向键移动到 Pump 栏，按键转到"ON"开启泵让溶媒循环冲洗管路 0.5 分钟；冲洗过程中翻开溶出仪主机上盖，用大的托盘接回流管喷出的溶媒，并检测所有通道循环是否顺畅（观察溶媒流出速度是否有差异；有差异或堵塞就关闭泵，用手动方式快速抽泵上的活塞杆）。

清洗补液管路。

再用方向键移动到 Valve 栏，快速按两次键，转到"Add"用回补通道冲管路 2 分钟；再按键转到"OFF"关闭管路，用方向键移动到 Pump 栏，按键转到"OFF"关闭泵。

6. 放入溶媒，安装搅拌装置，放置样品。

放入盛有溶媒（最好预先预热到 37.0℃）的溶出杯，装上搅拌桨或装有样品的转篮（转篮要升到顶部离开溶媒），装上白色耦合柄，把溶出仪上盖下压盖好，把取样针插入溶出仪取样口，调整取样高度。

7.编辑方法文件，并调入方法文件。

按菜单键-F2 键进入方法编辑界面，编辑好方法并保存；按菜单键-F1 键调入所需方法。

8.启动实验

按 F2 "Start" 键开始试验；桨法会自动开始；篮法会提示手动把篮压入溶媒中，并按 Enter 键。

9.实验后清洗管路，移走旧滤膜。

试验结束后抽出所有的取样针插入盛 1L 蒸馏水的烧杯内，手动打开泵循环冲洗管路 2 分钟；关闭泵，然后旋转打开过滤器，取下旧滤膜；如果短时间再用可让蒸馏水留在管路中（可减少泵内产生气泡，保证泵的抽取压力），1 周内不使用可把管路内的水排空。

10.清洗溶出杯：把溶出杯内溶液倒掉，冲洗干净，倒立放置晾干或放回主机水浴池中。

11.清洗桨和篮：继续试验可用水瓶和托盘冲洗桨，否则把所有的桨或篮拆下清洗，并擦干净。

12.关闭所有仪器电源，使用登记本登记使用情况。

13.注意事项

（1）水浴里的水必须每隔 10 天换一次，防止形成水垢；可放入防腐剂延缓水垢形成。

（2）篮和桨要小心轻放，不要掉地上损伤变形。

（3）试验后管路要及时用蒸馏水冲洗，不要让样品长时间留管路内形成吸附杂质。

（范高福）

项目十九　滴丸剂与软胶囊的制备

>>·【实训目标】

一、知识目标

1.滴丸剂、软胶囊的定义、种类、特点和质量要求；

2.滴丸剂、软胶囊制备的一般工艺流程；

3.滴丸剂、软胶囊的质量检查与贮藏。

二、能力目标

学会滴丸剂、软胶囊的制备工艺方法及滴丸机、软胶囊机的操作方法及维护；熟悉滴丸剂、软胶囊的质量检查；了解滴丸机的基质与冷凝液选用。

任务 35　芸香油滴丸的制备

>> **【处方】**

芸香油	200ml	纯化水	8.4ml
硬脂酸钠	21g	1%硫酸	适量
虫蜡	8.4g		

>> **【处方分析】**

芸香油是从芸香草中提取的挥发油，主要成分为胡椒酮，为主药；硬脂酸钠为水溶性基质；虫蜡为脂溶性基质；纯化水为溶剂；1%硫酸是冷却液。

>> **【临床适应证】**

治疗支气管哮喘、慢性支气管炎等症。

>> **【生产工艺流程图】**

芸香油滴丸的生产工艺流程见图 19-1。

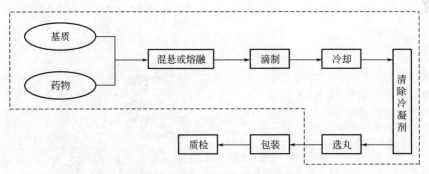

图 19-1　芸香油滴丸生产工艺流程

注：虚线框内代表 D 级生产区域。

>> **【制备方法】**

芸香油、硬脂酸钠、虫蜡和纯化水置水浴加热，使熔化成均匀的溶液，65℃保温下由滴管滴出（滴头内径 4.9mm，外径 8mm，滴速约 120 丸/分），滴入含 1%硫酸的冷却水溶液中，取出，洗去附着的酸液，吸取水迹，即得（每丸重 0.21g）。

注解：制备时采用1%硫酸作为冷却剂，目的是使硬质酸钠与酸作用生成硬脂酸，从而在滴丸表面形成一层硬脂酸掺和虫蜡的薄壳，在胃液中不被溶解，而是在肠中溶解，亦称为肠溶丸。此肠溶丸不得用热水吞服，以免溶化而失去防止恶心、呕吐的作用。

>>> **【主要物料】**

原料有芸香油；辅料有虫蜡、硬质酸钠等。

>>> **【主要生产设备】**

集热式恒温加热磁力搅拌器、滴丸机、离心机、包装机等。

设备的种类及要点	图片展示
集热式恒温加热磁力搅拌器(图 19-2) 原理：该设备采用集热式加热法使被加热容器处于强烈的热辐射中，温度均匀、效率高。强磁力的磁钢，保证了足够的搅拌力矩 适用范围：用于滴丸剂生产中原辅料的溶解及混合	 图 19-2　集热式恒温加热磁力搅拌器
滴丸机(图 19-3) 原理：将原料药与基质放入调料罐中，通过加热、搅拌制成滴丸的混合药液，当温度一定时，药液通过滴嘴滴入冷却柱内的冷却液中，药滴在表面张力作用下流出，在端口形成液滴滴流出后，滴入冷却柱内的冷却液中，药滴在表面张力作用下成型，伴随着冷却液的循环，并在流动中继续降温冷却成球体，最后形成滴丸 适用范围：大部分热稳定药物	 图 19-3　滴丸机

续表

设备的种类及要点	图片展示
集丸离心机(图 19-4) 组成:集丸料斗和离心机 特点:该机由变频器控制,操作简单,离心时间和转速可以根据不同需要无级调节,达到最理想的离心脱油效果 适用范围:收集滴丸和离心去油。主要和大、中型自动化滴丸机配套使用	 图 19-4 集丸离心机
全自动滴丸包装机(图 19-5) 原理:以最精简可靠,并实现快速连续不间断输送的自动化生产为理念,自动实现瓶体、瓶盖、药丸的定量,整理,装药,盖瓶,热合收口输送等动作。以满足无人化生产操作的需要 适用范围:药丸	 图 19-5 全自动滴丸包装机

▶▶· 【产品展示及结果记录】

(侧重于实训过程现象的记载及问题的处理)

▶▶· 【质量检查】

应符合丸剂项下有关滴丸剂的各项规定(《中国药典》2015 年版四部通则 0108)。

1.性状

要求：丸剂外观应圆整均匀，色泽一致。

2.溶散时限

要求：除另有规定外，滴丸应该在 30 分钟内全部溶散，包衣滴丸应在 1h 内全部溶散。

方法：除另有规定外，取供试品 6 丸，选择适当孔径筛网的吊篮（丸剂直径在 2.5mm 以下的用孔径约 0.42mm 的筛网；在 2.5～3.5mm 之间的用孔径约 1.0mm 的筛网；在 3.5mm 以上的用孔径约 2.0mm 的筛网），照崩解时限检查法（通则 0921）片剂项下的方法进行检查。

3.装量差异

要求：见表 19-1。

表 19-1 滴丸剂的装量差异限度要求

平均装量或标示装量	装量差异限度
0.03g 及 0.03g 以下	±15%
0.03g 以上至 0.1g	±12%
0.1g 以上至 0.3g	±10%
0.3g 以上	±7.5%

方法：取供试品 20 丸，精密称定总重量，求得平均丸重后，再分别精密称定每丸的重量。每丸重量与标示丸重相比较（无标示丸重的，与平均丸重比较），按上表规定，超出重量差异限度的不得多于 2 丸，并不得有 1 丸超出限度 1 倍。

4.微生物限度检查：按照微生物限度检测：微生物计数法（通则 1105）、控制菌检查法（通则 1106）及非无菌药品微生物限度标准（通则 1107）检查，应符合规定。

>>· 【实训目标检测题】

1.滴丸机结构及滴丸形成的机制是什么？

2.影响滴丸质量的因素有哪些及如何对策？

任务 36 灰黄霉素滴丸的制备

>>· 【处方】

| 灰黄霉素 | 1 份 | 聚乙二醇 6000（PEG-6000） | 9 份 |

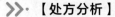

【处方分析】

灰黄霉素为主药，PEG-6000 为水溶性基质。

【临床适应证】

适用于由表皮癣菌属、小孢子菌属和毛癣菌属引起的皮肤真菌感染。临床上主要用于头癣、严重体股癣等。

【生产工艺流程图】

灰黄霉素滴丸的生产工艺流程见图 19-6。

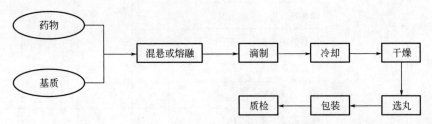

图 19-6　灰黄霉素滴丸生产工艺流程

【制备方法】

取 PEG-6000 在油浴上加热至约 135℃，加入灰黄霉素细粉，不断搅拌使全部熔融，趁热过滤，置储液瓶中，135℃下保温，用管口内、外径分别为 9.0mm、9.8mm 的滴管滴制，滴速 80 滴/分钟，滴入含二甲基硅油冷凝液中冷凝成丸，用毛边纸吸去黏附的二甲基硅油，即得。

【主要物料】

灰黄霉素、PEG-6000、二甲基硅油。

【产品展示及结果记录】

（侧重于实训过程现象的记载及问题的处理）

>> · 【质量检查】

同任务 35。

>> · 【技能考核标准】

滴丸剂制备操作技能考核标准

学生姓名：_____　　　　班级：_____　　　　总评分：_____

评价项目	评价指标	具体标准	分值	学生自评	小组评分	教师评分
实践操作过程评价（60%）	生产前操作（5%）	仪器设备选择	1			
		原辅料领用	1			
		仪器设备检查	1			
		清洁记录检查	1			
		清场记录检查	1			
	生产操作（40%）	称量误差不超过±10%	5			
		药物基质混合液的配制	10			
		滴丸机的操作	10			
		集丸离心操作	6			
		滴丸外包装操作	6			
		生产状态标识的更换	3			
	生产结束操作（5%）	余料处理	0.5			
		工作记录	3			
		清场操作	1			
		更衣操作	0.5			
	清洁操作（5%）	人流、物流分开	1			
		接触物料戴手套	1			
		洁净工具与容器的使用	1			
		清洁与清场效果	2			
	安全操作（5%）	操作过程人员无事故	2			
		用电操作安全	1			
		设备操作安全	2			

续表

评价项目	评价指标	具体标准	分值	学生自评	小组评分	教师评分
实践操作质量评价（30%）	药物基质评价（15%）	药物与基质的选择	5			
		药物与基质比例的选择	5			
		药物与基质混合物调配	5			
	滴丸剂评价（15%）	滴丸剂的外观形状	4			
		滴头选择及调节	5			
		冷凝液的选择及调节	3			
		成品质量	3			
实践合作程度评价（10%）	个人职业素养（5%）	能正确进行一更、二更操作	3			
		不留长指甲、不戴饰品、不化妆	0.5			
		个人物品、食物不带至工作场合	0.5			
		进场到退场遵守车间管理制度	0.5			
		出现问题态度端正	0.5			
	团队合作能力（5%）	对生产环节负责态度	1			
		做主操时能安排好其他人工作	1			
		做副操时能配合主操工作	1			
		能主动协助他人工作	1			
		发现、解决问题能力	1			
总分			100			

任务 37　维生素 AD 胶丸的制备

》》·【处方】

维生素 A	3000 单位	维生素 D	300 单位
明胶	100 份	甘油	55～66 份
纯化水	120 份	鱼肝油或精炼食用植物油	适量

》》·【处方分析】

维生素 A、维生素 D 为主药；明胶、甘油、纯化水为囊材基质；鱼肝油或精炼食用植物油为溶剂等。

》》·【临床适应证】

用于预防和治疗维生素 A 及维生素 D 的缺乏症，如佝偻病、夜盲症及小儿手足抽搐症。

》》·【生产工艺流程】

维生素 AD 胶丸的生产工艺流程见图 19-7。

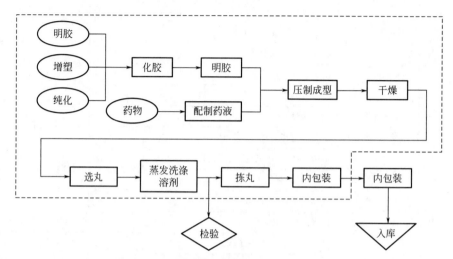

图 19-7　维生素 AD 胶丸生产工艺流程

注：虚线框内代表 D 级生产区域。

》》·【制备方法】

1.内容物的制备：取维生素 A 与维生素 D，加鱼肝油或精炼食用植物油（在 0℃左右脱去固体脂肪），溶解，并调整浓度至每丸含维生素 A 为标示量的 90.0%～120.0%、含维生素 D 为标示量的 85.0% 以上，作为药液待用。

2.囊材的制备：甘油及水加热至 70～80℃，加入明胶，搅拌溶化，保温 1～2h，除去上浮的泡沫，滤过（维持温度）。

3.胶丸的制备：采用滴制法制备，将囊材和内容物分别加入滴丸机的料槽中滴制，以液状石蜡为冷却液，收集冷凝的胶丸，用纱布拭去粘附的冷却液，在室温下吹冷风 4h，放于 25～35℃下烘 4h. 再经石油醚洗涤两次（每次 3～5 分钟），除去胶丸外层液状石蜡，再用 95% 乙醇洗涤一次，最后在 30～35℃烘干约 2 小时，筛选弃去不合格胶丸，质检包装，即得。

》》·【主要物料】

维生素 A、维生素 D；鱼肝油或精炼食用植物油；甘油、明胶、纯化水、液体石蜡、石油醚、乙醇等。

》》·【主要生产设备】

胶丸机等。

设备的种类及要点	设备展示
软胶丸机(图 19-8) 原理:胶液分别由软胶囊机两边的胶液成型器流出，流到转动的胶带定型转鼓上形成胶液带，由胶液成型器刀闸调整胶带厚薄。胶液带经冷却定型后，由上油滚轮揭下胶带。自动制出的 2 条胶带，由左右两旁向中央相对方向靠拢移动，在分别穿过左右各自上油滚轮时，完成涂入模剂和脱膜剂工作，然后经传送入两平行吻合转动的一对圆柱形滚模间，使 2 条对合的胶带一部分受到注射器加热与模压作用而粘合，此时内容物料液泵同步将内容物定量输出，通过注射器注入囊腔内，通过滚模不断转动，使囊腔完全封闭，形成软胶囊 适用范围:软胶囊制备	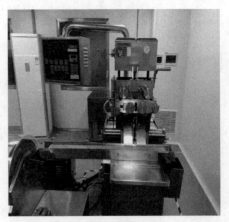 图 19-8 软胶丸机

》》·【产品展示及结果记录】

(侧重于实训过程现象的记载及问题的处理)

》》·【质量控制项目】

1.外观检查：应整洁，不得有粘结、变形、渗漏或囊壳破裂等现象，并应无异臭。

2.装量差异

要求：见表 19-2。

表 19-2　软胶囊的装量差异限度要求

平均装量或标示装量	装量差异限度
0.30g 以下	±10%
0.30g 及 0.30g 以上	±7.5%(中药±10%)

方法：取供试品 20 粒，分别精密称定重量，倾出内容物，软胶囊囊皮用乙醚等易挥发性溶剂洗净，置于通风处使溶剂挥尽，再分别精密称定囊壳的重量。求出每粒内容物的装量与平均装量。每粒装量与平均装量相比较，超出重量差异限度的不得多于 2 丸，并不得有 1 丸超出限度 1 倍。

3.崩解时限：除另有规定外，照崩解时限检查法（通则 0921）检查，均应符合规定。凡规定检查溶出度或释放度的胶囊剂，一般不再进行崩解时限的检查。

　　要求：软胶囊应在 1 小时内全部崩解，以明胶为基质的软胶囊可改在人工胃液中进行检查。如有 1 粒不能完全崩解，应另取 6 粒复试，均应符合规定。

　　方法：取供试品 6 粒，按片剂的装置与方法（化药胶囊如漂浮于液面，可加挡板；中药胶囊加挡板）进行检查。

　　4.微生物限度检查：以动物、植物、矿物质来源的非单体成分制成的胶囊剂、生物制品胶囊剂，照非无菌产品微生物限度检查：微生物计数法（通则 1105）、控制菌检查法（通则 1106）及非无菌药品微生物限度标准（通则 1107）检查，应符合规定。规定检查杂菌的生物制品胶囊剂，可不进行微生物限度检查。

》》·【实训目标检测题】

　　1.软胶囊的特点有哪些？
　　2.软胶囊制备的方法及质量检测项目有哪些？
　　3.制备软胶囊时易出现哪些问题及对策？

》》·【常见设备的标准操作规程】

　　36.滴丸机操作规程

SDWJ48-1 型滴丸机 SOP

　　目的：建立一个 SDWJ48-1 型全自动实心滴丸机标准操作规程。
　　范围：适用于 SDWJ48-1 型全自动实心滴丸机的操作。
　　责任者：
　　(1) 车间主任、质管员，负责操作过程的监督和检查；
　　(2) 本工序负责人，负责指导操作工正确实施本规程；
　　(3) 操作工，有按本规程正确操作的责任。
　　操作规程：
　　一、主要技术参数
　　1.生产能力：250000～300000 粒/小时。
　　2.滴丸直径：2～4mm。
　　二、开机滴丸前
　　1.配料桶、料桶、定型桶上部夹层内加入导热高温油，液位不超过总容积的 3/4。
　　2.打开石蜡油箱盖，加入石蜡油，液位以浸没制冷系统蒸发器为准，待循环泵运行后，石蜡油液位降低应继续加足石蜡油。

3.合上电控箱内的空气开关，打开触摸屏开关，触摸屏工作，并显示相关提示。

三、开机滴丸

1.系统通电后，触摸屏点亮并显示"手动运行""自动运行"等。

2.手动运行

2.1 "手动运行"和"自动运行"是互锁的两个部分，即互相禁止，不能同时运行。点击"手动运行"按钮，可以看到提示画面，提示操作者应仔细阅读本说明书后，再执行机器各项操作。点击"取消"则退出"手动运行"，按动"确定"按钮。

2.2 共有8个按钮：料桶加热、上料桶加热、滴桶加热、料桶充气阀门、搅拌电机正转、搅拌电机反转、上料桶进料阀门、泵停止。按下其中任何一个，则该按钮处于保持中，执行相关操作；如再按一下按钮弹起，则相关操作停止。其中"料桶加热""上料桶加热""滴桶加热"分别控制机器料桶、上料桶（含滴盘）、滴桶的加温，这三处的温度设定，应由现场经验给出；"料桶充气阀门"控制料桶上部两位两通电磁阀的通断；"搅拌电机正转"与"搅拌电机反转"控制料桶搅拌电机的正、反转，两者互锁；"上滴桶给料阀门"控制上部滴桶的左给料阀门的通断；"泵停止"控制石蜡油循环泵的停止与启动。

2.3 8个按钮分别是：制冷压缩机停止、电磁阀1、电磁阀3、电磁阀6、电磁阀7、上一页、下一页、退出。"制冷压缩机停止"控制制冷温控的运行，制冷压缩机由制冷温控仪表自动控制其启动与停止；"电磁阀1""电磁阀3""电磁阀6""电磁阀7"分别控制电磁阀1、3、6、7的运行；点击"退出"则退出"手动运行"系统复位；点击"下一页"，进入下一个手动运行控制画面。

3.自动运行：点击"自动运行"按钮则可以看到以下按钮：加热系统、循环系统、原料准备、更换石蜡油、自动上料、温度监控、退出。

3.1 加热系统：点击"加热系统"按钮，主要完成料桶、上料桶（含滴盘）、滴桶三个部分的加热，加热设定温度在各个相应仪表上可自由设定（0～400℃），由仪表控制加热管加热，在达到设定温度后，即处于自动调节状态。

3.2 原料准备：在充分加热后（透过料桶观察窗可以看到桶中物料已全部融化），点击"原料准备"时完成以下工作，搅拌电机正反转以5秒为间隔相应往复搅拌原料30分钟，然后搅拌电机停止运行，系统处于复位等待状态，表示原料已准备好。

3.3 自动上料：点击"自动上料"按钮，系统将开始自动检测上料桶1的状态并开始自动打开充气阀门5，首先向上料桶1充料。待1桶上满料后，上料桶给料阀门1向上部滴桶充料，上部滴桶上部液位传感器在冲料液面到达后发出信号关闭上料桶给料阀门1，这时如果打开滴丸阀门，则滴制过程开始

（否则系统处于停止保持状态）。上部滴桶上部液位传感器在滴制开始，液面下降5秒后，自动打开上料桶给料阀门1，直到上料桶1中原料全部用光。系统自动向已用空的上料桶1充料。紧急情况可以按面板上的"急停"按钮，这时PLC处于断电保持状态，触摸屏上自动弹出"PLC NO RESPONSE"的消息，将急停按钮再右旋打开后，PLC上电程序重新复位开始执行。但这时PLC仍对急停前上料桶1的运行状态保持记忆，按动"自动上料"再打开滴制开关机器仍将按照急停前的工作状态运行，而其他部分则需重新按动开始执行。

3.4 循环系统：在手动打开滴制开关前，应按动此"循环系统"按钮，"循环系统"按下后，系统电磁阀3、6自动打开。在电磁阀1、7关闭的情况下，磁力泵9打开，这时整个石蜡油循环系统开始工作，同时，制冷温控仪表打开监控并通过制冷压缩机调节滴桶下部石蜡油温度。

3.5 更换石蜡油：按动此按钮，则弹出提示画面，提示操作者应关闭滴丸开关和循环系统，再执行下面的操作；按动"退出"，则返回进入前一个画面；按动"确定"，则开始更换石蜡油。更换石蜡油分两部分自动进行，首先自动复位磁力泵和电磁阀1、3、6、7，然后打开电磁阀1、6，再打开磁力泵，此时石蜡油箱中的石蜡油被排出，排出后磁力泵和电磁阀1、3、6、7被复位，延时5秒，然后打开电磁阀1、7和磁力泵，将滴桶中的石蜡油排出，以上过程完全自动进行，用户仅需在电磁阀1出口接出管道，以便引出旧石蜡油即可，石蜡油更换中，弹出画面按"退出"则停止更换石蜡油，回到上一画面。

3.6 温度监制：此按钮按下后，可观察到上料桶原料a、料桶加热油b、上料桶加热油c、滴桶加热油d、滴桶上部石蜡油e共五处的实时系统温度，以利于滴制过程的掌握，在画面中点击"退出"按钮，系统弹出"需要停止运行吗？"，点击"是"，则自动运行的所有模块停止运行，并退至主画面；点击"否"，则不停止所有运行着的模块，并退至主画面；点击"取消"，则直接返回到"自动压缩机停止"画面。

3.7 液位检测：在主画面中点击"液位检测"，可以看到上料桶1上位、上料桶1下位、上部滴桶上部、油丸分离桶液位、退出。这里主要监视上料桶1的上位、下位，上部滴桶上位、石蜡油箱下位共四处的液位情况，在出现故障时可以借此窗口对故障进行判断。

4. 常见故障

4.1 通电后点击触摸屏，机器无动作。常见原因如下。

4.1.1 触摸屏与PLC不能通信，可以通过见到触摸屏右下角"COM"指示灯是否亮（运转正常显示为红色）来判断。

4.1.2 PLC处停止位"STOP"，将PLC（S7-200）拨码开关拨至"RUN"运行即可。

4.2 手动点击操作中机器某输出停止工作。常见原因如下。

4.2.1 PLC 相应输出点因外界有短路而烧毁。

4.2.2 输出相应线圈烧毁、短路或相应热继电器过载断开。

4.3 点击"自动上料"后打开滴制开关未见药液滴出。常见原因如下。

4.3.1 液位在流动过程中遇冷凝结堵塞。

4.3.2 上料桶 1 未充满，不满足初始滴制条件。

4.3.3 料桶气压不足以将物料压入上料桶 1。

4.4 滴头有些可以滴有些不能滴。常见原因如下。

4.4.1 滴盘不平。

4.4.2 有些滴头堵塞，物料有杂质。

4.4.3 滴头相应部分加热不均，造成物料遇冷，在滴头内凝结堵塞。

4.5 循环运行后，未见滴桶液面上升。常见原因如下。

4.5.1 石蜡油循环途中泄漏。

4.5.2 相应的电磁阀存在堵塞，或动作不利，存在故障。

4.6 点击"循环系统"或"手动运行"中，制冷压缩机制冷工作，但滴桶下部石蜡油温度未下降。常见原因如下。

4.6.1 压缩机内无氟，无法散热。

4.6.2 控制压缩机相应交流接触器故障。

4.7 温控仪表故障或显示异常。常见原因参见附录温控仪表说明。

4.8 原料过稠无法输送。常见原因如下。

4.8.1 加热温度设定较低，造成物料黏度较大。

4.8.2 物料配方造成过黏，这时需手动向上料桶送料。

5. 注意事项

5.1 开机前检查各处保护接地，电源配线应采用三相五线制。

5.2 由于物料输送中，必须为高温通道，所以，必须保证物料输送通道始终全部处于加温保温中，否则容易造成物料遇冷凝结堵塞。

5.3 PLC 不得自行拆开或下载程序，否则造成 PLC 烧毁或不工作。

5.4 保证各处接线，接管安全、可靠、牢固。

5.5 定期清洗、拆洗滴桶、料桶、上料桶、滴盘各部件。

37. 全自动滴丸包装机标准操作规程

全自动滴丸包装机 SOP

目的：建立一个全自动滴丸包装机标准操作规程。

范围：适用于全自动滴丸包装机操作。

责任者：操作工、班组长、QA检查员。

操作规程：

一、微小丸瓶装机工作原理

以最精简可靠，并实现快速连续不间断输送的自动化生产为理念，实现瓶体、瓶盖、药丸的定量，整理，装药，盖瓶，热合收口输送等动作，以满足无人化生产操作的需要。

二、微小丸瓶装机设备特点

1.本机采用专利技术，能对微丸（滴丸）剂进行自动计量并准确灌入特殊的异型瓶内，具有自动理瓶、理盖，自动检测、变频调速等功能，根据需要还可选装铝箔封口、喷码、贴标等功能。

2.控制系统采用"信捷"可编程控制（PLC），触摸屏人机界面对话。具有运行可靠稳定、装量准确、灌装速度快等特点。与药物接触的材质符合GMP规范要求。

3.微小丸瓶装机具有自动理瓶、计量灌装、理盖、上盖、旋盖等功能，可选装封口、贴标、喷码等装置。

3.1 由于微丸灌装所用的瓶子大都千奇百怪，本机的理瓶系统根据这一特性，通过特殊机构将无序的异微型瓶子自动整理成瓶口一致向上，有序且稳定输入下道工序的功能。

3.2 计量灌装系统采用独特的量杯模板和多头灌装技术，自动将等量的微丸灌入瓶内，由于采用同步进瓶，同步性好，不散药、不倒瓶，因此，具有速度快、装量准确等优点。控制系统采用"信捷"可编程控制器（PLC）控制，运行可靠，并具有缺瓶、堵瓶等保护功能；

3.3 理盖系统采用气理盖的方式，自动将瓶盖整理后有序输入上盖旋盖系统，具有噪声小、速度稳定等优点，并采用光电控制，遇到缺盖、堵盖能自动停止工作。

3.4 上盖旋盖：系统是将已灌入药丸的瓶子准确定位，先将瓶盖与瓶体精确定位，然后采用气动方式将瓶盖压紧。

三、微小丸瓶装机设备优点

1.本系统具有压盖稳定、可靠、工作效率高等特点，设备采用定位槽输出，不倒瓶、不散药，动作协调、节拍一致，便于提高速度。该系统还具有自动检测功能，瓶子在离开本工序前，能自动检测装量质量，发现装量未过标即刻别除。

2.可根据需要加装封口功能：封口系统使用复合材料的电磁感应封口技术，采用中频电源，有效输出功率大。输出电源可调节，并自动随负载的变化而变化，无瓶时自动进入待机状态，能有效节约电能。特制的感应板，采用全屏蔽防电磁辐射，冷却条件好，粘结时间短、速度快、性能稳定。本系统有连续计数、瓶盖无铝箔自动剔除，并具有过流、过压、欠压、断水等自动保护功能。

3. 贴标、喷码等功能根据用户要求选装。

4. 设备外形尺寸：净空间为长 2 米，宽 1.4 米，高 1.9 米；占用空间小，搬运安装方便。设备整体采用国际通用的工业铝型材及工业级 304 不锈钢制造，美观大方，没有焊接工艺，无锈无磁，符合 GMP 要求。

5. 产品的输送用循环链架使加工连续不断进行，生产效率极高。

6. 设备预留输送料口可以升级为自动上件和下件功能，方便以后组合全自动化生产线。

四、微小丸瓶装机技术指标

1. 灌装速度：$100\sim120$ 瓶/分。

2. 灌装精度：$\leqslant\pm9\%$。

3. 电源：380/220V，$50\sim60$Hz。

4. 气压：$0.4\sim0.6$MPa。

5. 充填容量：0.2g/瓶（具体数目视产品规格而定）。

6. 控制方式：PLC＋触摸屏操作界面。

7. 瓶子高度：$20\sim50$mm。

8. 瓶子直径：$1\sim30$mm。

9. 功率：≈1.5 千瓦。

10. 气源：>0.25m^3/min，0.4MPa。

11. 毛重：800kg。

12. 外形尺寸：L202cm×W140cm×H190cm。

13. 可选机型：$0.2\sim1$g；$0.5\sim2.5$g；$1.5\sim5$g；$3.5\sim6$g；$5\sim10$g。

（梁延波，范高福）

模块七 ▶▶ 生产性实训（二）

项目二十　包衣片（1）——糖衣片

▶▶ 【实训目标】

一、知识目标

1. 糖衣片的定义、种类、特点和质量要求；
2. 糖衣片制备的一般工艺流程；
3. 糖衣片的质量检查与贮藏。

二、能力目标

学会包衣机的结构及操作方法；熟悉包衣材料及包衣片的质量检测项目；能够解决包衣过程中出现的问题及对策。

任务 38　氯化钾糖衣片的制备

▶▶ 【处方】

氯化钾	450g	乳糖	30g
微晶纤维素	17.5g	羟丙甲纤维素	24.5g
滑石粉	125.4g	明胶	5.4g
川蜡	3.5g	蔗糖	120g

▶▶ 【处方分析】

氯化钾为主药，乳糖、微晶纤维素为填充剂，滑石粉为润滑剂，羟丙甲纤维素为阻滞剂，明胶、蔗糖、川蜡为包衣材料。

▶▶ 【临床适应证】

电解质补充药。

▶▶ 【生产工艺流程图】

氯化钾糖衣片的生产工艺流程见图 20-1。

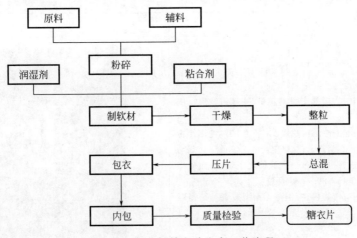

图 20-1　氯化钾糖衣片生产工艺流程

>>·【制备方法】

先将乳糖、微晶纤维素、氯化钾、羟丙甲基纤维素混合均匀，加粘合剂制成软材，干燥制粒，整粒，再将部分滑石粉总混，压成素片。后用明胶、滑石粉、糖浆配制成包衣液进行包衣后使用川蜡抛光打蜡，即成糖衣片。

>>·【主要物料】

氯化钾、乳糖、微晶纤维素、羟丙甲纤维素、滑石粉、明胶、蔗糖、川蜡等。

>>·【主要生产设备】

万能粉碎机、旋振筛、快速整粒机、湿法混合制粒机、三维混合机、沸腾干燥制粒机、旋转压片机、智能硬度脆碎度测定仪、电子天平、包衣锅、高效包衣锅、铝塑罩泡包装机等。

设备的种类及要点	设备展示
湿法混合制粒机(图 20-2) 原理(快速搅拌制粒技术)：设备运行时桨叶和制粒刀同时旋转，形成三向搅拌并同时切割制粒 适用范围：制得的颗粒用于片剂生产	图 20-2　湿法混合制粒机

设备的种类及要点	设备展示
沸腾干燥制粒机(喷雾干燥制粒机、一步制粒机)(图20-3) 原理(流化喷雾制粒法):利用设备产生的热气流使粉体悬浮呈沸腾状直至流态化,将中药浓缩液或粘合剂均匀喷入使之粘成粒,再通过热气流使之干燥,从而使得颗粒和粉粒逐步长大的一种生产过程 适用范围:热敏性物料,特别是无糖型或者低糖型颗粒的制备	 图20-3　沸腾干燥制粒机
旋转压片机(图20-4) 原理:基于单冲压片机的基本原理,同时针对瞬时无法排出空气的缺点,变瞬时压力为持续且逐渐增减压力,从而保证了片剂的质量。旋转压片机对扩大生产有极大的优越性,由于在转盘上设置多组冲模,绕轴不停旋转。颗粒由加料斗通过饲料器流入位于其下方的、置于不停旋转平台之中的模圈中。该法采用填充轨道的填料方式,因而片重差异小。当上冲与下冲转动到两个压轮之间时,将颗粒压成片 适用范围:适合工业化批量生产干颗粒、粉末压片	 图20-4　旋转压片机
普通包衣锅(图20-5) 原理:有倾斜包衣锅、埋管包衣锅及高效包衣锅等,由包衣锅、加热装置(起加速挥散包衣溶剂作用)、鼓风设备(起调节温度和吹去多余细粉作用)、除尘设备(排除包衣的粉尘和湿热空气)和动力部分等组成。全自动包衣机则由电脑程序控制包衣全过程 适用范围:素片包制糖衣	 图20-5　普通包衣锅

续表

设备的种类及要点	设备展示
高效包衣机(图 20-6) 原理:素片在洁净、密闭的旋转滚筒内在流线型导流板的作用下做复杂的轨迹运动,按工艺参数自动喷洒包衣辅料,同时在负压状态下,热风由滚筒中心的气体分配管一侧导入,洁净的热空气通过素片层,风桨汇集到气体分配管的另一侧排出,使喷洒在素片表面的包衣介质得到快速、均匀的干燥,从而在素片表面形成一层坚固、致密、平整、光滑的表面衣层 适用范围:素片包制糖衣、薄膜衣或缓控释包衣	 图 20-6　高效包衣机

>>· 【质量检查】

具体见《中国药典》2015 年版四部通则 0101。

1.外观检查:表明光洁完整,色泽均匀。

2.重量差异

方法:取供试品 20 片,精密称定总重量,求得平均片重后,再分别精密称定每片的重量,每片重量与平均片重比较(凡无含量测定的片剂或有标示片重的中药片剂,每片重量应与标示片重比较),按表 20-1 中的规定,超出重量差异限度的不得多于 2 片,并不得有 1 片超出限度 1 倍。

表 20-1　包衣片的重量差异限度

平均片重或标示片重	重量差异限度
0.30g 以下	±7.5%
0.30g 及 0.30g 以上	±5%

糖衣片的片芯应检查重量差异并符合规定,包糖衣后不再检查重量差异。

>>· 【实训结果】

包衣生产记录见表 20-2。

表 20-2 包衣生产记录

品名	规格	批号	日期	班次

环境湿度：	相对湿度：

指令	1.检查是否具备生产证、清场合格证、设备完好证
	2.按薄膜包衣标准操作过程包衣
	2.1 分批分锅将素片用加料斗转运入包衣机锅内
	2.2 开启薄膜包衣运输送屏，设定包衣料用量。启动包衣机，在包衣过程中随时检查片面质量，每 100kg 素片使用包衣料不少于 73kg。热风温度控制在 90～130℃，滚筒转速控制为 1～12r/min

锅号	1	2	3	4
素片量/kg				
包衣料批号				
包衣料量/kg				
预热温度/℃				
喷雾开始时间	时　分	时　分	时　分	时　分
喷雾结束时间	时　分	时　分	时　分	时　分
平均片重/g				
糖衣片重/kg				
糖衣片损耗/kg				
操作人				
清场	包衣完毕，按规定清场、清洁，并填写清场记录□			

备注：

填写人：　　　　复核人：　　　　QA：

>> · 【实训目标检测题】

1.糖衣片的包衣过程及包衣材料分别是什么？

2.包糖衣过程中容易出现哪些问题，并分析原因及对策。

>> 【技能考核标准】

糖衣片制备操作技能考核标准

学生姓名：_____　　　　　班级：_____　　　　　总评分：_____

评价项目	评价指标	具体标准	分值	学生自评	小组评分	教师评分
实践操作过程评价（60%）	生产前操作（5%）	仪器设备选择	1			
		原辅料领用	1			
		仪器设备检查	1			
		清洁记录检查	1			
		清场记录检查	1			
	生产操作（45%）	称量误差不超过±10%	5			
		包衣材料配制	10			
		包衣机操作	12			
		包衣操作	15			
		生产状态标识的更换	3			
	生产结束操作（4%）	余料处理	0.5			
		工作记录	2			
		清场操作	1			
		更衣操作	0.5			
	清洁操作（4%）	人流、物流分开	1			
		接触物料戴手套	1			
		洁净工具与容器的使用	1			
		清洁与清场效果	1			
	安全操作（2%）	操作过程人员无事故	0.5			
		用电操作安全	0.5			
		设备操作安全	1			
实践操作质量评价（33%）	包衣评价（23%）	隔离层包衣	5			
		粉衣层包衣	5			
		糖衣层包衣	5			
		有色糖衣层包衣	5			
		打蜡	3			
	包衣机操作评价（5%）	包衣的调试与操作	5			
	在线检测评价（5%）	外观、湿度等操作	5			

续表

评价项目	评价指标	具体标准	分值	学生自评	小组评分	教师评分
实践合作程度评价（7%）	个人职业素养（4%）	能正确进行一更、二更操作	2			
		不留长指甲、不戴饰品、不化妆	0.5			
		个人物品、食物不带至工作场合	0.5			
		进场到退场遵守车间管理制度	0.5			
		出现问题态度端正	0.5			
	团队合作能力（3%）	对生产环节负责态度	0.5			
		做主操时能安排好其他人工作	0.5			
		做副操时能配合主操工作	0.5			
		能主动协助他人工作	0.5			
		发现、解决问题能力	1			
总分			100			

>>> 【常见设备的标准操作规程】

38. JGB-150E 型高效包衣机的标准操作规程

JGB-150E 型高效包衣机 SOP

目的：建立一个 JGB-150E 型高效包衣机标准操作规程。

范围：适用于 JGB-150E 型高效包衣操作。

责任者：操作工、班组长、QA 检查员。

操作规程：

一、工作原理

被包衣的片芯在主机分滚筒内经过特制搅拌器作用，做连续复杂轨迹运动。包衣介质通过蠕动泵与喷雾装置的作用，经微机 PLC 控制系统设定的工作流程与工艺参数进行自动化处理（亦可手动操作），将包衣介质均匀地喷洒在动态的片芯表面。与此同时，滚筒在负压状态下，经热风柜提供 10 万级净化热空气输入滚筒内，渗透已喷洒包数介质的片床间隙扩散干燥，在片筒底部出风口的最佳位置经排风力的作用排出机外。使片芯包衣膜得到快速、均匀干燥。如此反复循环，片芯表面便形成一层坚固、光滑、致密的平整包衣薄膜。

二、设备操作

1. 开机前

1.1 检查电路是否完好，各螺帽是否拧紧，并检查电压与其使用电压是否相符。

1.2 检查热空气管道、排风管道、蒸汽管道、排水管道、气源连接是否完好。

1.3 安装糖浆泵管道

1.3.1 松开白色旋钮，把活动夹钳取出，将 $\phi17mm\times\phi13mm$ 的天然橡胶管或硅胶管塞入黑色滚轮下，边旋转滚轮盘，边塞入胶管，使滚轮压缩管子不能过紧，也不能过松，松紧程度可以通过移动泵座的前后位置来调整，调整后用扳手紧固六角螺母。

1.3.2 将泵座两侧的活动夹钳取出，使管子夹在夹钳中拧紧白色旋钮，一只手将橡胶管梢处于拉升状态，另一只手拧白色旋钮，以防橡胶管在工作过程中移动。

1.3.3 将橡胶管的一端（短端）套在吸浆管上，另一端穿入主机旋转臂孔内，与糖浆滴流管连接。

1.4 将滴流管安装在主机旋转臂上，调整好滴流管在滚筒中的位置后固紧。

1.5 将糖浆泵电源线插头插入"糖浆泵电源"防爆插座内。

1.6 糖浆保温准备工作

1.6.1 将保温底锅内盛小半锅水，注意水必须淹没加热器及侧头稍多些。

1.6.2 将加热器插头插入墙上的"糖浆保温"防爆插座内。

当强电柜上 QF6 拨到"ON"位置，温控仪就显示当前温度。拨动糖浆温度控制仪的拨码开关到所需控制的温度。

1.6.3 将盛有粉浆或白色糖浆的上锅座放在底锅上。

1.6.4 将吸浆管放入保温的粉浆锅内。

1.7 预置糖衣参数：置入喷浆，匀浆（此阶段热风与排风风门应关闭）、干燥时（热风与排风风门打开）及循环次数。

2.开机

2.1 打开热风柜上的蒸汽阀门，将热风温度的温控仪拨码开关拨到包糖衣所需值上，待温度达到后，方可进行下一步操作。

2.2 打开总气源，调整减压阀到 0.2MPa。

2.3 按"电源开"键。

2.4 按"排风机开"键、"包衣机开"键。

2.5 按"执行"键、"复位"键，包衣即按所编制的程序进行。

2.6 在包衣过程中，可根据实际情况，更换喷浆所需参数。

3.停机

3.1 待包好糖衣的药片干燥后关闭热风柜上的蒸汽阀门。

3.2 按"热风机关"键、"排风机关"键、"包衣机关"键。

3.3 拔下糖浆泵电源防爆插头。

3.4 关闭分气阀及总气阀。

3.5 将吸浆管保温锅内取出，并将旋转臂移出主机，将硅胶管从喷浆管中拔出，注意取出时切勿将管中糖浆滴入包好的药片上，松开糖浆泵的四个旋钮，取出夹管钢，将硅胶管全部取出。热水清洗喷浆管、吸浆管及硅胶管。

3.6 装内、外出料器，按"包衣机点动"键，取出包衣药片。

3.7 清场或停用较长时间时，应按《JGB-150E 型高效包衣机清洁标准规程》清洗机器，清洁后挂上状态标志。

3.8 每班操作结束后，操作工要及时填写《主要设备运行记录》。

三、包有机薄膜衣标准操作规程

1 开机前

1.1 检查电路是否完好，各螺帽是否拧紧，并检查电压与其使用电压是否相符。

1.2 检查热空气管道、排风管道、蒸汽管道、排水管道、气源连接是否完好。

1.3 安装高压无气泵管道

1.3.1 将尼龙管（ϕ8mm）与气源接通。

1.3.2 将高压管穿入旋转臂内与主机内喷枪分流管接通，注意必须用扳手紧固接头螺母。

1.3.3 打开减压阀到 0.05～0.1MPa 进行试验，看无气泵工作是否正常。

1.4 安装喷头

1.4.1 选择合适的喷头并安装，要注意方向位置。

1.4.2 调整好喷头在滚筒中的位置，要安置在滚筒的中间，要保持对称，并调整好距药面的高度，一般要求 250～300mm，角度为 45°左右。

1.4.3 注意喷头嘴不能堵塞，如有堵塞现象，必须用溶剂清洗。同时，可将喷嘴旋转 180°，高压空气吹净，然后再转回 180°，堵塞即被排除。

1.4.4 将吸浆管过滤器放入溶液筒内，用溶液在机外试喷，工作正常后，移动旋转臂，将带喷枪的喷雾管道安置在机内。

2. 开机

2.1 打开蒸汽阀门，将热风温控仪调整到所需的温度。

2.2 打开总气源。

2.3 按"电源开"键、"热风开"键、"排风机开"键、"包衣机开"键。按一下"预置"键、"复位"键，使系统处于干燥状态。

2.4 吸浆过滤器放入有机溶液锅内，打开无气泵气路上的球阀，并将压力调到 0.05～0.1MPa，同时打开喷枪讯号空气和无气泵的球阀，压力调到 0.2～0.3MPa 之间，喷雾即正常运行。

3.停机

3.1 将无气泵的吸浆过滤器从锅内取出，再关闭讯号空气管道和无气泵的球阀。

3.2 将旋转臂转出，注意切勿将有机溶液滴入包好的药片上。

3.3 待药片干燥几分钟后，按"排风机关"键、"热风机关"键，关闭蒸汽阀门。

3.4 按"包衣机关"键。

3.5 装内、外出料器，按"包衣机点动"键，药片将自动卸出。

3.6 与糖浆清洗方法相同清洗包衣滚筒，但清洗溶液根据包衣介质而定。

3.7 按"包衣机关"键、"电源关"键，关强电柜电源开关。

3.8 清场或停用较长时间时，应按《BGB-150E型高效包衣机清洁标准规程》清洗机器，清洁后挂上状态标志。

3.9 每班操作结束后，操作工要及时填写《主要设备运行记录》。

四、包水相薄膜衣标准操作规程

1.开机前

1.1 检查电路是否完好，各螺帽是否拧紧，并检查电压与其使用电压是否相符。

1.2 检查热空气管道、排风管道、蒸汽管道、排水管道、气源连接是否完好。

1.3 安装蠕动测定系统管道

1.3.1 将蠕动测定系统泵壳四个固定螺母拧松并取下，同时取下前泵半壳。

1.3.2 将 $\phi9mm\times\phi6mm$ 硅胶管装入滚轮组件，使硅胶管在滚轮与泵盖之间。

1.3.3 将前泵半壳插入四根螺杆上，并将四个固定螺母拧紧。

1.4 安装喷雾管道部件及管道连接。

1.4.1 先将三把喷枪的喷雾管道部件安装在旋转臂上，调整好管道部件在滚筒中的合适位置，将固定螺钉拧紧。

1.4.2 先将两根管子的一端插入旋转臂长孔后与喷雾管道对应连接，将进液管和回液管均接在不锈钢管后插入溶液内，进气管和讯号管插在气源支管上。

1.5 调整喷雾模式：调整工作在滚筒外进行，将旋转臂连同喷雾管道移出筒外。

1.5.1 打开讯号空气管道上的球阀，压力调到0.2～0.3MPa，打开喷雾空气管道上的球阀，压力调到0.3～0.4MPa。

1.5.2 将三把喷枪顶端的调整螺钉都拧紧，然后以同样角度拧松以保证喷枪所开的缝隙大小相同，此时三把喷枪的出气情况应相同。

1.5.3 将蠕动测定系统的插头插入水相电源防爆插座上，扳动蠕动泵的开关在"正"位置，调整转速，液体从溶液筒中抽出，经硅胶管流入喷枪，此时应有细雾产生，通过调整喷雾压力，泵速和喷枪顶端的调整螺钉三个参数，即可得到要求的喷雾模式。

1.6 开机

1.6.1 将旋转臂连同喷雾管道及喷枪转入包衣滚筒内，拧紧各旋钮。

1.6.2 打开蒸汽阀，将热风温控仪调道所需温度。

1.6.3 按"电源开"键、"热风机开"键、"排风机开"键。

1.6.4 按"包衣机开"键。按"预置"键、"复位"键使系统进入干燥状态。

1.6.5 打开喷雾气管及讯号空气管道上的球阀。

1.6.6 将蠕动测定系统的电钮扳到"正"的位置，调整调速旋钮直到开始喷雾。

1.7 停机

1.7.1 将蠕动系统的调整旋钮降到"0"，再将电源开关扳到"关"位置。

1.7.2 关闭喷雾气管道及讯号空气管道上的球阀。

1.7.3 关闭蒸汽阀门。按"排风机关"键、"热风机关"键、"包衣机关"键。

1.7.4 将旋转臂连同喷雾管道及喷枪转出包衣机外。

1.7.5 装内、外出料器，按"包衣机点动"键，药片将自动卸出。

1.7.6 与糖浆清洗方法相同清洗包衣滚筒。

1.7.7 按"包衣机关"键、"电源关"键，拔出水相电源防暴插头，最后关闭强电柜电源开关。

1.7.8 清场或停用较长时间时，应按《BGB-150E型高效包衣机清洁标准规程》清洗机器，清洁后挂上状态标志。

五、工作结束

每班操作结束后，操作工要及时填写《主要设备运行记录》。

（邱振海，梁延波）

项目二十一　包衣片（2）——薄膜衣片

【实训目标】

一、知识目标

1. 薄膜衣片的定义、种类、特点和质量要求；

2. 薄膜衣片制备的一般工艺流程；

3.薄膜衣片的质量检查与贮藏。

二、能力目标

学会薄膜包衣的制备工艺流程；熟悉锅包衣机、高效包衣机的结构及操作方法；熟悉包衣材料及包衣片的质量检测项目。

任务 39　双黄连片的制备

》》【处方】

金银花	1875g	黄芩	1875g
连翘	3750g	微晶纤维素	22.4g
羧甲淀粉钠	137.2g	硬脂酸镁	154g
羟丙甲纤维素	适量	乙醇	适量

》》【处方分析】

金银花、黄芩、连翘为主药，微晶纤维素为稀释剂，羧甲基淀粉钠为崩解剂，硬脂酸镁为润滑剂，乙醇为润湿剂，羟丙甲纤维素为薄膜衣材料。

》》【临床适应证】

疏风解表，清热解毒。用于外感风热所致的感冒，症见发热、咳嗽、咽痛。

》》【生产工艺流程图】

1.双黄连薄膜衣片的生产工艺流程（图 21-1）

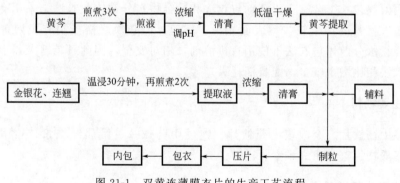

图 21-1　双黄连薄膜衣片的生产工艺流程

2.包薄膜衣的生产工艺流程（图 21-2）

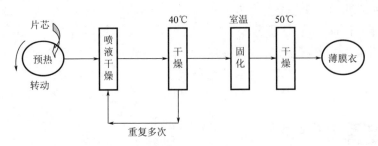

图 21-2　薄膜衣片的生产工艺流程

》·【制备方法】

（一）双黄连薄膜衣片制备方法

1.中药提取物的制备：先将黄芩、金银花与连翘混合物分别浸提、浓缩制成清膏，其中黄芩清膏经低温干燥制备黄芩提取物干燥物，备用。

2.素片的制备：将微晶纤维素、羧甲基淀粉钠、硬脂酸镁混合均匀，加入金银花、连翘清膏，通过湿法制粒、干燥、整粒，与黄芩提取物总混，压制成片。

3.包衣片的制备：将素片通过羟丙甲纤维素包衣材料，包衣成薄膜衣片。

（二）薄膜包衣工序制备方法

1.将片芯放入包衣锅内转动，同时将包衣材料溶液均匀喷入，使片芯表面均匀湿润。吹入40℃左右热风，使溶剂蒸发。干燥速度不能过快，以免衣膜"皱皮"或"起泡"；也不能过慢，以防"粘连"或"剥落"。如此重复操作若干次，直至到达一定的厚度为止。

2.在室温或略高于室温下自然放置6～8小时，使之固化完全。

3.在50℃下干燥12～24小时，除尽残余的有机溶剂。

常用薄膜包衣工艺有有机溶剂包衣法和聚合物水分散体包衣法。采用有机溶剂包衣时包衣材料的用量较少、表面光滑、均匀，但必须严格控制有机溶剂的残留量。聚合物水分散体包衣法不使用有机溶剂，相对安全，因此日趋普及，但与有机溶剂包衣法相比增重较多、能量消耗大。

》·【主要物料】

黄芩中药饮片、金银花中药饮片、连翘中药饮片、微晶纤维素、羧甲基淀粉钠、硬脂酸镁、羟丙甲纤维素、乙醇。

》·【主要生产设备】

多功能中药提取罐、旋转蒸发仪、真空干燥箱、沸腾干燥制粒机、旋转压片机、低温冷冻干燥机、湿法混合制粒机、快速整粒机、旋振筛、电子天平、包衣锅、高效包衣机、智能硬度脆碎度测定仪、铝塑罩泡包装机等。

设备的种类及要点	设备展示
多功能中药提取罐(图 21-3) 原理:煎煮法,即以水为溶剂,通过一定的加热方式加热煮沸来提取中药材有效成分 适用范围:中药生产企业普遍采用的提取设备,适用于多种有效成分的提取,可以进行常压常温提取、加压高温提取或减压低温提取。无论水提、醇提、提取挥发油、回收药渣中溶剂均能适用	 图 21-3　多功能中药提取罐
真空干燥箱(图 21-4) 原理:根据热空气上升的原理充分利用各层架烘管传导来的热量来达到加快干燥物料的目的。下面两层架烘架管的加密改善了以往静态真空干燥器温度场不均匀的弊端,物料在较低温度环境下迅速汽化加快干燥 适应范围:物料低温干燥	 图 21-4　真空干燥箱

【相关主要仪器设备结构及操作视频】

多功能提取罐操作视频如下。

https：//www. icve. com. cn/portal _ new/sourcematerial/edit _ seematerial. html?
docid＝mo6caugq46hn2daaogmc6g

【产品展示及结果记录】

(侧重于实训过程现象的记载及问题的处理)

>> **【质量检查】**

具体见《中国药典》2015 年版四部通则 0101。

1.外观检查：表明光洁完整，色泽均匀。

2.重量差异

方法：取供试品 20 片，精密称定总重量，求得平均片重后，再分别精密称定每片的重量，每片重量与平均片重比较（凡无含量测定的片剂或有标示片重的中药片剂，每片重量应与标示片重比较），按表 21-1 中的规定，超出重量差异限度的不得多于 2 片，并不得有 1 片超出限度 1 倍。

表 21-1 薄膜衣片重量差异限度

平均片重或标示片重	重量差异限度
0.30g 以下	±7.5%
0.30g 及 0.30g 以上	±5%

薄膜衣片应在包薄膜衣后检查重量差异并符合规定。

>> **【实训结果】**

包衣生产记录见表 21-2。

表 21-2 包衣生产记录

品名	规格	批号	日期	班次

环境湿度：		相对湿度：	

指令	1.检查是否具备生产证、清场合格证、设备完好证 2.按薄膜包衣标准操作过程包衣 2.1 分批分锅将素片用加料斗转运入包衣机锅内 2.2 开启薄膜包衣运输送屏，设定包衣料用量。启动包衣机，在包衣过程中随时检查片面质量，每 100kg 素片使用包衣料不少于 73kg。热风温度控制在 90～130℃，滚筒转速控制为 1～12r/min。

锅号	1	2	3	4
素片量/kg				
包衣料批号				
包衣料量/kg				
预热温度/℃				
喷雾开始时间	时 分	时 分	时 分	时 分
喷雾结束时间	时 分	时 分	时 分	时 分
平均片重/g				

续表

锅号	1	2	3	4
薄膜片重/kg				
薄膜片损耗/kg				
操作人				
清场	包衣完毕，按规定清场、清洁，并填写清场记录。□			

备注：

填写人：　　　　　复核人：　　　　　QA：

>> 【实训目标检测题】

1.薄膜衣常用有哪些种类及制备工艺是什么？

2.薄膜衣制备过程中容易出现哪些问题，试分析其原因及对策。

知识链接

薄膜衣相关知识

一、薄膜包衣材料

薄膜包衣材料通常由高分子材料、增塑剂、释放速度调节剂、增光剂、固体物料、色料和溶剂等组成。

1.常见包衣材料

① 普通型包衣材料：羟丙甲纤维素（HPMC）、羟丙纤维素（HPC）、甲基纤维素（MC）、羟乙基纤维素（HEC）等。

② 缓释型包衣材料：丙烯酸树脂 EuRS、EuRL 系列，乙基纤维素（EC），醋酸纤维素（CA）等。

③ 肠溶包衣材料：醋酸纤维素酞酸酯（CAP）、聚乙烯醇酞酸酯（PVAP）、醋酸纤维素苯三酸酯（CAT）、羟丙甲纤维素酞酸酯（HPMCP）、丙烯酸树脂（EuS100、EuL100）等。

2.增塑剂

增塑剂使高分子薄膜具有柔顺性，易于成膜。聚合物与增塑剂之间要有化学相似性。常用增塑剂：①纤维素材质的增塑剂有甘油、丙二醇、PEG 等，一般带有—OH；②脂肪族非极性聚合物的增塑剂有甘油单醋酸酯、甘油三醋酸酯、邻苯二甲酸二丁酯（二乙酯）、蓖麻油、玉米油、液状石蜡等。

3.释放速度调节剂

释放速度调节剂亦称致孔剂。在水不溶性薄膜衣中夹有水溶性物质时，遇水先溶解形成多孔膜，可根据致孔剂的加入量控制药物的释放速度。常用的水溶性致孔剂有蔗糖、氯化钠、表面活性剂、PEG 等。

4.固体物料及色素

在包衣过程中有些聚合物的黏性过大，需要加入适宜的固体粉末以防止颗粒或片剂的粘连，如滑石粉、硬脂酸镁、微粉硅胶等。

二、包衣设备

包衣设备装置大体分为三大类，即锅包衣装置、转动包衣装置、流化包衣装置。

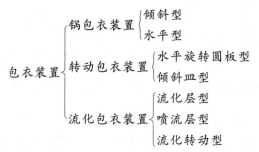

锅包衣装置主要用于片剂的包衣，转动包衣装置常用于小丸的制备与包衣，流化包衣装置常用于微丸的包衣。

>> 【常见设备的标准操作规程】

39.多功能提取罐标准操作规程

多功能提取罐 SOP

目的：建立一个多能提取罐的标准操作规程。

范围：适用于多能提取罐的操作。

责任者：操作工、班组长、QA 检查员。

操作规程：

1.开机前

1.1 全面检查电气线路、控制系统是否完好。

1.2 全面检查设备各机件、仪表是否完好，各气路是否通畅。

1.3 检查各汽路及安全装置，确保设备工作压力不超过额定值。

1.4 应定期检查各管路、焊缝、密封面等连接部位。

1.5 设备排渣门是否密封，可通过调节螺钉来调整。

2.开机

缓缓开启蒸汽阀门（压力≤0.25MPa），对设备内物料进行加热，同时开启冷凝器、冷却器冷却水阀门。待物料沸腾后，关小蒸汽阀门，使提取罐内温度保持在95～100℃之间，具体蒸煮时间及温度控制可根据产品的工艺规程情况而定。

3. 关机

待提取完成后，缓缓关闭蒸汽阀门，再关闭冷却阀门，并开启物料泵将提取罐内的药液通过过滤器送至药液贮罐。药液抽完后，冷却一段时间，打开出渣门将药渣排出。

4. 排渣门开启、锁紧的操作

打开压缩空气阀门，等空压机气压达到0.6MPa以上。

4.1 关闭锁紧：分汽泡通入压缩空气气压达到0.6MPa以上时，首先将A阀手柄拉出，通过气缸将出渣门关闭，然后将B阀手柄拉出，通过锁紧气缸将门锁紧。

4.2 开启：首先将B阀手柄推进，通过锁紧气缸将门脱钩，然后将A阀手柄推进，通过气缸打开。

5. 操作结束，及时填写《主要设备运行记录》及相关记录。

6. 注意事项

6.1 设备正在煎煮及药汁未放完之前，严禁开启排渣门。

6.2 夹套蒸汽压力不得超压使用。

40. FZG-15型真空干燥机标准操作规程

FZG-15 型真空干燥机 SOP

目的：建立一个FZG-15型真空干燥机标准操作规程

范围：适用于FZG-15型真空干燥机的操作。

责任者：操作工、班组长、QA检查员。

操作规程：

一、工作原理

根据热空气上升的原理充分利用各层架烘管传导来的热量来达到加快干燥物料的目的。下面两层架烘架管的加密改善了以往静态真空干燥器温度场不均匀的弊端，物料在较低温度环境下迅速汽化加快干燥。

二、设备操作

1. 开机前

1.1 使用前必须熟悉本机的结构性能、工作原理、调整方法、操作方法及保养知识。

1.2 检查电源接头情况，是否松动。

1.3 检查真空泵空载运转是否工作正常，冷却水是否保持通畅。

1.4 如有灭菌要求，干燥器、烘盘必须灭菌处理，在放空阀口 c、d 上装上气体过滤器，在消毒口上装蒸汽过滤器，并可有效工作。

1.5 检查送入的蒸汽压力是否稳定，疏水器工作正常，一般在试开车 20 分钟后，拆洗疏水器，保证其冷凝水出水通畅。

2. 开机

2.1 首先关闭干燥机箱门进行抽真空试验，当箱内空载时，真空表读数应达到 -0.095MPa，如有泄漏应予以排除。

2.2 将物料装入烘盘后放入干燥箱内，关好烘门，注意要密封不得漏气。

2.3 开启真空泵（注意真空泵的转向），待箱内真空度达到 -0.09MPa 以上时即可启动热水泵进行加热。特别提醒的是，水温过高时，水泵抽吸容易在泵壳内产生汽化而形成汽穴现象，因此当无特殊要求时，建议热水温度控制在 70℃ 以下。由于水环真空泵的排水经气水分离器后直接流入冷水箱内，因此冷水箱第一次充水时，仅需装入 1/2 即可。在正常生产时，一次水先进入真空泵内，然后进入冷水箱，多余冷水从冷水箱溢流排出，形成冷水箱的连续换水过程。

3. 关机

3.1 干燥完毕后，必须停止加热，然后才能关闭真空泵。

3.2 操作结束后，将物料送出，最后关闭电源。

3.3 按 FZG-15 型真空干燥机标准操作规程，清洁后，挂上状态标志。

3.4 每班操作结束后，操作工要及时填写《主要设备运行记录》。

三、注意事项

1. 真空干燥时，干燥温度应控制在 80℃ 以下。

2. 干燥过程中，应不定时观察药物干燥状态，以防沸腾溢出。

（邱振海，梁延波）

项目二十二　注射剂

>>・【实训目标】

一、知识目标

1. 掌握注射剂的定义、分类、特点及质量要求；
2. 熟悉注射剂的溶剂和附加剂；
3. 熟悉物理灭菌法和化学灭菌法。

二、能力目标

学会注射剂的小试制备；熟悉可见异物检查（灯检）操作；熟悉立式超声波洗瓶机、自动安瓿灌封机、澄明度检测仪等设备的使用。

任务 40　维生素 C 注射液的制备

>>・【处方】

维生素 C	104g	碳酸氢钠	49.0g
EDTA-Na$_2$	0.05g	亚硫酸氢钠	2.0g
注射用水	加至 1000ml		

>>・【处方分析】

维生素 C 为主药，碳酸氢钠为 pH 调节剂，EDTA-Na$_2$ 为金属螯合剂，亚硫酸氢钠为抗氧化剂，注射用水为注射用溶剂。

>>・【临床适应证】

本品主要用于预防及治疗坏血病，并可用于出血性素质，鼻、肺、肾、子宫及其他器官的出血。肌注或静脉注射，一次 0.1g～0.25g，每日 1～3 次。

>>・【生产工艺流程图】

维生素 C 注射液的生产工艺流程见图 22-1。

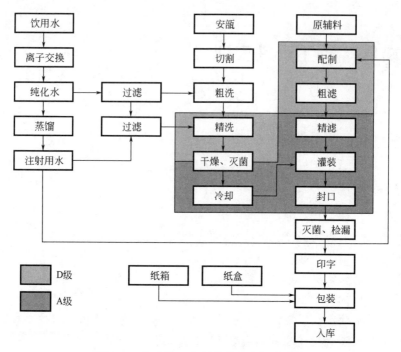

图 22-1　维生素 C 注射液的生产工艺流程

>>·【制备方法】

在配制时，加处方量 80％注射用水，通二氧化碳至饱和，加维生素 C 溶解后，分次缓缓加入碳酸氢钠，搅拌使完全溶解，另加入配制好的焦亚硫酸钠和 EDTA-Na_2 溶液；搅匀，调 pH 至 6.0～6.2，加二氧化碳饱和的注射用水至 1000ml，过滤，并在二氧化碳气流下灌封，于 100℃流通蒸汽灭菌 15min。

>>·【注解】

1. 维生素 C 分子中有烯二醇式结构，显强酸性，注射时刺激性大，产生疼痛，故加入碳酸氢钠（或碳酸钠）调节 pH，以避免疼痛，并增强本品的稳定性。

2. 本品易氧化水解，原辅料的质量，特别是维生素 C 原料和碳酸氢钠是影响维生素 C 注射液质量的关键。空气中的氧气、溶液 pH 和金属离子（特别是铜离子）对其稳定性影响较大。因此处方中加入抗氧剂（亚硫酸氢钠）、金属离子络合剂及 pH 调节剂，工艺中采用充惰性气体等措施，以提高产品稳定性。但实验表明，抗氧剂只能改善本品色泽，对制剂的含量变化几乎无作用，亚硫酸盐和半胱氨酸对改善本品色泽作用显著。

3. 本品稳定性与温度有关。实验表明 100℃流通蒸气 15min 灭菌，含量仅降低 2％，故以 100℃流通蒸气 15min 灭菌为宜。

》 【主要物料】

维生素 C、碳酸氢钠、EDTA-Na$_2$、焦亚硫酸钠、亚硫酸氢钠、注射用水。

》 【主要生产设备】

立式超声波洗瓶机、自动安瓿灌封机、水浴式安瓿检漏灭菌器、安瓿瓶等。

设备的种类及要点	设备展示
立式超声波洗瓶机(图 22-2) 原理与结构:超声波洗瓶机为立式转鼓结构,采用超声波清洗与高压水汽对瓶子内外壁多次交替喷射清洗、吹干,使瓶子内异物顺水、汽排出,达到洗瓶的目的。其结构有进瓶装置、超声清洗装置、转鼓、喷气喷水装置、出瓶装置和控制机构等 适用范围:对安瓿瓶、西林瓶、口服液瓶等小容量瓶进行超声波粗洗、瓶内外壁精洗和压缩空气吹瓶的一系列清洗工作	 图 22-2 立式超声波洗瓶机
自动安瓿灌封机(图 22-3) 原理与结构:自动安瓿灌封机采用直线间歇的模式完成从绞龙送瓶、前充惰性气体(N$_2$)、灌装、后充惰性气体(N$_2$)、预热、拉丝封口到出瓶的全套生产过程。自动安瓿灌封机包括进料斗、传动齿板、压脚、针头组、燃气头、拉丝钳、出料斗、调节药液装置、自动止灌装置等。 适用范围:安瓿瓶的灌封	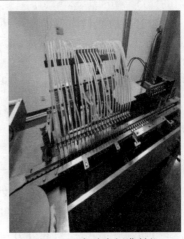 图 22-3 自动安瓿灌封机

续表

设备的种类及要点	设备展示
水浴式安瓿检漏灭菌器(图 22-4) 原理:灭菌利用高压饱和蒸汽的热量将待灭菌物品的微生物杀灭。检漏是在灭菌后,待温度稍降,开启真空注入有色水,因漏气的安瓿为负压,则有色水可渗入瓶内。水浴式安瓿检漏灭菌设备主体为卧式矩形结构,包括 PLC＋触摸屏控制系统和管路系统,其主要部件有板式换热器、循环水泵、高温气动阀、真空泵、检漏系统及喷淋系统等 适用范围:主要用于安瓿、西林瓶、管制瓶装等针剂、口服液产品进行水淋式灭菌操作和检漏清洗处理	 图 22-4 水浴式安瓿检漏灭菌器

》》·【相关主要仪器设备结构及操作视频】

1.注射剂的容器处理操作视频(立式超声波洗瓶机)

https：//www. icve. com. cn/portal _ new/sourcematerial/edit _ seematerial. html? doc id＝of4batiqsizfzczobx5tg

2.注射剂的灌封岗位操作视频(自动安瓿灌封机)

https：//www. icve. com. cn/portal _ new/sourcematerial/edit _ seematerial. html? docid＝2yaatiq14jpb8rrfvp7hg

3.注射剂的灭菌与检漏岗位操作视频(水浴式安瓿检漏灭菌)

https：//www. icve. com. cn/portal _ new/sourcematerial/edit _ seematerial. html? docid＝jqgaatiqgk5pw2lzjeefa

》》·【实训目标检测题】

1.$NaHCO_3$ 调节维生素 C 注射液的 pH 应注意什么问题?为什么?

2.影响药物氧化的因素有哪些?如何防止?

3.分析维生素 C 注射液处方,说明其临床应用与注意事项。

任务 41　止喘灵注射液的制备

>>· 【处方】

麻黄	500g	洋金花	500g
苦杏仁	500g	连翘	500g
乙醇	适量	注射用水	加至 1000ml

>>· 【临床适应证】

宣肺平喘，祛痰止咳。用于痰浊阻肺、肺失宣降所致的哮喘、咳嗽、胸闷、痰多；支气管哮喘、喘息性支气管炎见上述证候者。

>>· 【用法与用量】

肌注。一次 2ml，一日 2～3 次；7 岁以下儿童酌减。1～2 周为一个疗程，或遵医嘱。

>>· 【生产工艺流程图】

止喘灵注射液的生产工艺流程见图 22-5。

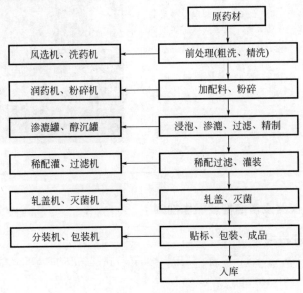

图 22-5　止喘灵注射液的生产工艺流程

>>· 【制备方法】

以上四味，加水煎煮两次，第一次 1 小时，第二次 5 小时，合并煎液，滤过，滤液浓缩至约 150ml，用乙醇沉淀处理两次，第一次溶液中含醇量为 70%，第二次为 85%，每次均于 4℃冷藏放置 24 小时，滤过，滤液浓缩至约 100ml，加注射用水稀释至 800ml，测定含量，调节 pH 值，滤过，加注射用水至 1000ml，灌封，灭菌，即得。

>> 【主要物料】

麻黄、洋金花、苦杏仁、连翘、乙醇、注射用水等。

>> 【主要生产设备】

多功能中药提取罐、提取分离装置、双效节能浓缩器、立式超声波洗瓶机、自动安瓿灌封机、水浴式安瓿检漏灭菌器等。

设备的种类及要点	设备展示
澄明度检测仪(图 22-6) 原理与结构：采用了《中国药典》规定的专用三基色照度连续可调荧光灯和电子镇流器组成的光源系统。工作装置背景采用了遮光板、黑色背景、检测白板等提高了目检分辨能力与减小视觉疲劳。数字式电子照度计使用方便，稳定可靠，检测时间可以任意设定，并有声光报警功能。 适用范围：各类针剂，大输液和瓶装药液的澄明度检测。	 图 22-6　澄明度检测仪

>> 【相关主要仪器设备结构及操作视频】

1. 注射剂的灯检视频

https：//www.icve.com.cn/portal_new/sourcematerial/edit_seematerial.html?docid=eesyakupp79fsv6vog9gq

2. 注射剂的质量检查视频

https：//www.icve.com.cn/portal_new/sourcematerial/edit_seematerial.html?docid=s7g6akup8jvo90bipykxyq

>> 【生产实训记录】

1. 实训结果记录格式表（表 22-1）

表 22-1　注射液的检查结果记录表

项目	维生素 C 注射液	止喘灵注射液
装量		
渗透压摩尔浓度		
可见异物		
不溶性微粒		
热原		
无菌		
结论		

2. 实训中间品或成品展示

（侧重于实训过程现象的记载及问题的处理）

>> 【质量检查】

应符合注射剂项下有关的各项规定（《中国药典》2015 年版四部制剂通则 0102）。

除另有规定外，注射剂应进行以下相应检查。

1. 装量：注射液及注射用浓溶液照下述方法检查，应符合规定。

检查方法：供试品标示装量不大于 2ml 者，取供试品 5 支，2～50ml 者，取 3 支。开启时注意避免损失，将内容物分别用相应体积的干燥注射器及注射针头抽尽，然后缓慢连续地注入经标准化的量入式量筒内（量筒的大小应使待测体积至少占额定体积的 40%），在室温下检视。测定油溶液和混悬液的装量时，应先加温（如有必要）摇匀，再用干燥注射器及注射针头抽尽后，同前法操作，放冷（加温时）检视。每支装量均不得少于其标示量。标示装量为 50ml 以上的注射液及注射用浓溶液，照最低装量检查法（通则 0942）检查，应符合规定。

2. 渗透压摩尔浓度：除另有规定外，静脉及椎管注射用注射液按各品种项下的规定，照渗透压摩尔浓度测定法（通则 0632）测定，应符合规定。

3. 可见异物：除另有规定外，照可见异物检查法（通则 0904）检查，应符合规定。

4. 不溶性微粒：除另有规定外，用于静脉注射、静脉滴注、鞘内注射、椎管内注射的溶液型注射液、注射用无菌粉末及注射用浓溶液照不溶性微粒检查法（通则0903）检查，均应符合规定。

5. 无菌：照无菌检查法（通则1101）检查应符合规定。

6. 细菌内毒素或热原：除另有规定外，静脉用注射剂按各品种项下的规定，照细菌内毒素检查法（通则1143）或热原检查法（通则1142）检查，应符合规定。

7. 中药注射剂有关物质：按各品种项下规定，照注射剂有关物质检查法（通则2400）检查，应符合有关规定。

>> 【实训技能考核】

1. 实训测试简表

实训技能理论知识点测试表

序号	测试题目	测试答案（在正确的括号里打"√"）
1	安瓿的洗涤方法有哪些？	①甩水洗涤法（　　） ②汽水喷射洗涤法（　　） ③超声波洗涤法（　　） ④汽水喷射洗涤与超声波洗涤相结合法（　　）
2	配液中活性炭的使用目的不包括	①吸附热原（　　） ②脱色（　　） ③助滤（　　） ④助流（　　） ⑤提高澄明度（　　）
3	安瓿灌封包括哪些步骤？	①药液的灌注（　　） ②充入惰性气体（　　） ③安瓿的熔封（　　） ④安瓿的检漏（　　）
4	安瓿灌封中出现焦头的原因有哪些？	①灌注时药液溅到安瓿瓶颈上（　　） ②灌注针头在灌注时未能及时缩回（　　） ③灌注时按照黏稠度适当增加装量（　　） ④易氧化的药物灌装时应通惰性气体（　　）
5	常用于注射液的最后精滤的是什么？	①砂滤棒（　　） ②垂熔玻璃滤棒（　　） ③微孔滤膜滤器（　　） ④布氏漏斗（　　）

2.实训技能考核标准

注射剂制备操作技能考核标准

学生姓名：_____　　　　　班级：_____　　　　　总评分：_____

评价项目	评价指标	具体标准	分值	学生自评	小组评分	教师评分
实践操作过程评价（60%）	生产前操作（5%）	仪器设备选择	1			
		原辅料领用	1			
		仪器设备检查	1			
		清洁记录检查	1			
		清场记录检查	1			
	生产操作（40%）	称量误差不超过±10%	5			
		原料药的粉碎	6			
		原料药有效成分提取	7			
		原料药有效成分浸膏	8			
		灌封操作	6			
		中间体质量控制	6			
		生产状态标识的更换	2			
	生产结束操作（5%）	余料处理	0.5			
		工作记录	3			
		清场操作	1			
		更衣操作	0.5			
	清洁操作（5%）	人流、物流分开	1			
		接触物料戴手套	1			
		洁净工具与容器的使用	1			
		清洁与清场效果	2			
	安全操作（5%）	操作过程人员无事故	2			
		用电操作安全	1			
		设备操作安全	2			
实践操作质量评价（30%）	过程结果评价（30%）	熔封机操作正确	8			
		提取符合要求	7			
		浓缩浸膏纯度符合要求	7			
		灌封结果符合要求	8			
实践合作程度评价（10%）	个人职业素养（5%）	能正确进行一更、二更操作	3			
		不留长指甲、不戴饰品、不化妆	0.5			
		个人物品、食物不带至工作场合	0.5			
		进场到退场遵守车间管理制度	0.5			
		出现问题态度端正	0.5			

续表

评价项目	评价指标	具体标准	分值	学生自评	小组评分	教师评分
实践合作程度评价（10%）	团队合作能力（5%）	对生产环节负责态度	1			
		做主操时能安排好其他人工作	1			
		做副操时能配合主操工作	1			
		能主动协助他人工作	1			
		发现、解决问题能力	1			
总分			100			

➤➤· 【常见设备的标准操作规程】

41. 灌封岗位标准操作规程

灌封岗位SOP

目的：建立灌封岗位标准操作规程，使灌封岗位的操作规范化、标准化，符合生产工艺要求，保证产品质量的稳定。

范围：小容量注射剂车间灌封工序灌封岗位的操作。

责任者：灌封岗位操作工、灌封工序班长。

操作规程：

一、生产前准备

1. 灌封工序班长到车间主任办公室领取批生产记录（含指令）和空白状态标识。

2. 灌封岗位操作工执行"一般生产区人员出入更衣、更鞋标准操作规程"（SOP·KF-TB-007），提前10分钟进入一般生产区。

3. 灌封岗位操作工执行"万级洁净区人员出入更衣、更鞋标准操作规程"（SOP·XZ-TB-007），进入万级洁净区。

4. 进入生产岗位

4.1 检查是否有前次清场合格证副本。

4.2 检查灌封室是否有已清洁状态标识并在效期内。

4.3 检查ALG系列安瓿拉丝灌封机是否有已清洁状态标识和完好状态标识，且在有效期内。

4.4 检查容器具、工器具是否有已清洁状态标识并在效期内。

4.5 检查是否有与本次生产无关的文件，确认无上次生产遗留物。

4.6 检查温度和相对湿度（温度：18～26℃，相对湿度：45%～65%）是

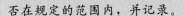

否在规定的范围内，并记录。

5.检查合格后，经质量保证部监控员确认，签发准许生产证，班长根据生产指令取下现场状态标识牌，换上生产运行中和设备运行中状态标识，标明本岗位需要生产的药品品名、批号、规格、生产批量、生产岗位、生产日期、操作人、复核人。

6.使用前接通电源，打开灌封机电源开关，按下复位键和点动按钮，空机运转2分钟，运转正常可进行生产，如果出现异常，按"异常情况处理管理规程"（SMP·QA-GC-006）进行处理。

二、生产操作过程

1.接选安瓿和接收药液

1.1 接选安瓿

1.1.1 接瓶操作工从容器具清洁间容器具存放处取一个镊子、一副隔温手套、一个洁净塑料袋和一个不锈钢桶送到灌封室，将镊子放在隧道灭菌烘箱出口处，将塑料袋套在不锈钢桶上备用。

1.1.2 戴隔温手套

1.1.2.1 将左手的拇指伸右手手套正面进口，合并拇指和食指，捏住右手手套正面进口，将右手手套从放置地点提起，使右手手套进口张开。

1.1.2.2 右手手指并拢，伸向手套进口，直到进入手套中，将拇指和四指分开。

1.1.2.3 左手向上提手套，使拇指和四指伸进指套中，戴上右手手套。

1.1.2.4 以同样的方式戴上左手手套。

1.1.3 将灭菌烘干后由传送链传送的周转盘一手握住挡板端中间，一手握住闭口端中间，搬起后交替放于旁边的操作架上。

1.1.4 用镊子从周转盘两端夹起2支瓶，翻转180°，使瓶口朝下，观察瓶内壁有无水珠或水流动的痕迹，将瓶放回原处，将镊子也放回原处。

1.1.5 将烘干效果不符合标准的安瓿，送交洗烘瓶岗位重新灭菌烘干，做好记录。

1.1.6 一手握住挡板端中间，一手握住闭口端中间，搬起一装安瓿周转盘，靠近灯光，逐支检查周转盘内各瓶有无破损后，放于灌封机对面另一操作架上，在上面盖盖。如果有破损的安瓿，用镊子夹出，放于套有塑料袋的不锈钢桶中。

1.2 接收药液：灌封岗位操作工接收药液，核对数量，确认无误后，在中间产品递交单上签字，由稀配岗位操作工过滤。

2.送空安瓿

2.1 灌封岗位操作工从容器具清洁间容器具存放处取四个2ml注射器、一个毛刷、一个镊子、一块洁净擦布、两个不锈钢盆、一个不锈钢桶和一块脱脂纱布送到灌封室。

2.2 将注射器、毛刷和镊子放在灌封机的台面上；将一个不锈钢盆接半盆注射用水，放在灌封机出瓶斗下面的操作架上，将一块洁净擦布放在盆中；将不锈钢桶口上盖一块脱脂纱布，绑好后和另一个不锈钢盆共同放在操作架上。

2.3 从操作架上拿起一盘安瓿，检查一遍有无破损后，挡板端斜向下，将周转盘送入进瓶斗中，撤下挡板，折起端向外，挂在进瓶斗上，有破损的安瓿用镊子夹出，放于废弃物桶中。

2.4 双手抓住周转盘上壁，轻轻上提周转盘，将周转盘从进瓶斗中撤下，挡上挡板，挡板端朝上，斜放于操作架上的不锈钢盆中备用。

3. 点燃喷枪：打开捕尘装置下部止回阀和氢氧发生器的燃气阀，点燃喷枪，调节助燃气减压稳压阀，缓缓打开助燃气阀，将火头调解好。

4. 排管道：将灌封机灌液管进料口端管口与高位槽底部放料口端管口连接好，打开高位槽放料阀，使药液流到灌液管中，排灌液管中药液并回收，尾料不超过 500ml，装入尾料桶中。

5. 调装量：打开灌封机电源开关，按下复位键和点动按钮，试灌装 10 支，关闭点动按钮，右手取一只灌装的安瓿，左手从台面上取一个备用注射器，抽取灌装药液后的安瓿量装量，调试好灌装量（每支 2.05～2.10ml），将注射器中药液倒入绑脱脂纱布的尾料桶中，将安瓿倒放在不锈钢盆上的周转盘中，及时送交洗烘瓶岗位操作工重新进行清洗。

6. 熔封

6.1 打开点动按钮，对灌装药液后的安瓿进行熔封，调整助燃气阀，使封口完好。

6.2 直至出现很少的问题（剂量不准确、封口不严、出现鼓泡、瘪头、焦头）时，开始灌封，执行"ALG 系列安瓿拉丝灌封机的标准操作规程"（SOP·SB-CZ-37）进行灌封操作。

6.3 随时向进瓶斗中加安瓿，随时检查灌封的装量和熔封效果，对装量和熔封不合格的安瓿取出，单独存放于周转盘中回收。将从进瓶斗中撤下的周转盘，挡板端放于周转盘中，放于周转窗旁边的地面上。

6.4 对炸瓶时溅出的药液，及时用不锈钢盆中的擦布擦干净，停机对炸瓶附近的安瓿进行检查。

7. 接中间产品

7.1 从放空周转盘的操作架上取一空周转盘和挡板，将挡板放于电气操作箱上，将周转盘开口端朝内，推到灌封机出瓶斗上。

7.2 用两块切板挡住灌封机出瓶轨道的安瓿，将安瓿送入周转盘内。

7.3 当周转盘内充满中间产品时，两切板被推到闭口端，取出一切板，根

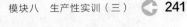

据周转盘的装量，从周转盘开口端附近的一面切向另一面，将盘中的中间产品和出瓶轨道的中间产品隔开。

7.4 将另一切板取出，接第一个切板切入的地方重新切入靠近周转盘一面的安瓿，挡住盘中的中间产品，将周转盘从出瓶斗中推出，将切板贴在另一切板上。排列好中间产品，挡上挡板，搬起周转盘，双手向外用力将周转盘倾斜一个角度，利用灯光反射作用查看有无碳化现象，将有碳化的安瓿取出，单独放于周转盘中回收；将合格中间产品放入传递窗内，执行"传递窗标准操作规程"（SOP·SB-CZ-029），由灭菌岗位操作工接收。

7.5 反复操作直至灌封结束，将装量和熔封不合格的药液回收，做好记录，高压灭菌后，执行"YXQ.MG-203脉动真空矩型压力蒸气灭菌柜标准操作规程"（SOP·SB-CZ-055）未用的安瓿送交摆选瓶岗位操作工。

三、生产结束后的操作

1. 由灌封工序班长取下"生产运行中"和"设备运行中"状态标识，纳入本批生产记录。换上"待清洁"状态标识。

2. 灌封工序灌封岗位操作工填写中间产品"递交单"，进行中间产品的交接，中间产品转入灭菌（灭菌后室）岗位；中间产品"递交单"自留一份贴于批生产记录上，交给灭菌（灭菌后室）岗位操作工一份。

3. 执行"万级洁净区容器具及工器具清洁规程"（SOP.SC-GJ-001）、"万级洁净区厂房清洁规程"（SOP.SC-QY-001）、"洁净区周转车清洁规程"（SOP.SC-GJ-006）、"灌封机清洁规程"（SOP.XZ-SQ-007），进行各项清洁；当各项清洁结束后，对容器具清洁间进行清洁。

4. 灌封工序班长检查合格后，取下"待清洁"标识，换上"已清洁"标识，注明有效期。

5. 灌封岗位操作工填写"清洁记录"，并上交给班长。

6. 按"清场管理规程"（SMP.SC-SJ-014）、"小容量注射剂灌封岗位清场标准操作规程"（SOP.XZ-QB-006）进行清场，班长填写"清场记录"。

7. 监控员检查合格，在"清场记录"上签字，并签发"清场合格证"正副本。

8. 灌封工序班长将正本"清场合格证""清洁记录""清场记录"纳入本批生产记录，副本"清场合格证"插入灌封室"已清洁"标识牌上，作为下次生产前检查的凭证，纳入下批批生产记录中。

9. 灌封工序班长将填写好的批生产记录整理后交给车间主任。

（汤　洁）

项目二十三　冻干粉针剂的制备

>> 【实训目标】

一、知识目标

1. 熟悉注射用无菌粉末的概念、特点及种类；
2. 掌握注射用冷冻干燥制品的制备方法。

二、能力目标

学会冷冻干燥机组的操作要点；理解冷冻干燥的原理。

任务 42　注射用辅酶 A 的制备

>> 【处方】

辅酶 A	56.1 单位	水解明胶	5mg
甘露醇	10mg	葡萄糖酸钙	1mg
半胱氨酸	0.5mg	注射用水	适量

>> 【处方分析】

辅酶 A 为主药，水解明胶、甘露醇和葡萄糖酸钙为填充剂，半胱氨酸为稳定剂，注射用水为注射溶剂。

>> 【临床适应证】

本品为体内乙酰化反应的辅酶，有利于糖、脂肪以及蛋白质的代谢。用于白细胞减少症、原发性血小板减少性紫癜及功能性低热。

>> 【生产工艺流程图】

注射用辅酶 A 的生产工艺流程见图 23-1。

>> 【制备方法】

将上述各成分用适量注射水溶解后，无菌过滤，分装于安瓿中，每支 0.5ml，冷冻干燥后封口，半成品质检、包装。

>> 【注解】

1. 注射用辅酶 A 的制备采用的是冷冻干燥法，即将辅酶 A 制成无菌水溶液，在无菌条件下经过滤过、灌装、冷冻干燥、压塞轧盖封口操作制得。
2. 辅酶 A 为白色或微黄色粉末，有吸湿性，易溶于水，不溶于丙酮、乙醚、乙

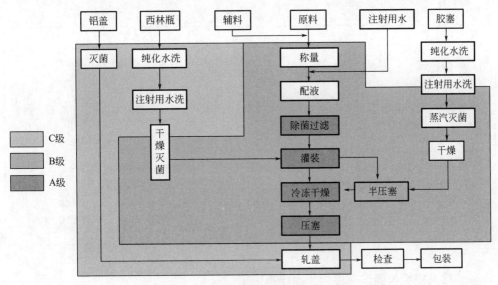

图 23-1　注射用辅酶 A 的生产工艺流程

醇，易被空气、过氧化氢、碘、高锰酸盐等氧化成无活性二硫化物，故在制剂中加入半胱氨酸等作为稳定剂，用甘露醇、水解明胶等作为赋形剂。

3.辅酶 A 在冻干工艺中易丢失效价，故投料量应酌情增加。

【主要物料】

辅酶 A、水解明胶、甘露醇、葡萄糖酸钙、半胱氨酸、注射用水等。

【主要生产设备】

西林瓶、冷冻干燥机、滚压式轧盖机等。

设备的种类及要点	设备展示
冷冻干燥机(图 23-2) 　原理:制冷系统主要是为干燥箱内制品预冻供给冷量和凝结器盘管捕集水汽供给冷量。真空系统是使干燥箱与冷凝器室内形成真空，促使干燥箱内水分升华，水汽被抽向冷凝器并被盘管捕集。液压系统位于干燥箱顶部，用于板层的升降、制品的压塞、蘑菇阀的开启与关闭 　结构:由冻干机箱体、制冷系统、真空系统、循环系统、液压系统、冷凝器(冷阱)、CIP、SIP 系统、气动系统、电控系统等构成 　适用范围:热敏性物料的干燥	图 23-2　冷冻干燥机

续表

设备的种类及要点	设备展示
滚压式轧盖机（图23-3） 结构及原理：采用电磁振荡自动理盖和送盖，滚压式卷边封口的技术。其机构主要由理瓶转盘、进出瓶输送轨道、理盖振荡器、下盖轨道、轧盖机构、等分盘拨轮、拖瓶机构、传动机构与控制部分等组成 适用范围：2～20ml模制式或管制式抗生素瓶	 图23-3　滚压式轧盖机

》》·【相关主要仪器设备结构及操作视频】

冷冻干燥机的操作视频网址如下。

https：//www.icve.com.cn/portal_new/sourcematerial/edit_seematerial.html?docid=bgfaacyo6yvfncim4fyi3q

》》·【生产实训记录】

实训中间品或成品展示如下。

（侧重于实训过程现象的记载及问题的处理）

》》·【质量检查】

装量差异：除另有规定外，注射用无菌粉末照下述方法检查，应符合规定。

检查法：取供试品5瓶（支），除去标签、铝盖，容器外壁用乙醇擦净，干燥，开启时注意避免玻璃肩等异物落入容器中，分别迅速精密称定；容器为玻璃瓶的注射用无菌粉末，首先小心开启内塞，使容器内外气压平衡，盖紧后精密称定。然后倾出内容物，容器用水或乙醇洗净，在适宜条件下干燥后，再分别精密称定每一容器的重量，求出每瓶（支）的装量与平均装量。每瓶（支）装量与平均装量相比较（如有标示装量，则与标示装量相比较），应符合下列规定，如有1瓶（支）不符合规定，应另取10瓶（支）复试，应符合规定。

其余检查项目应符合注射剂项下的各项规定（《中国药典》2015 年版四部通则 0102）。

【实训技能考核】

1. 实训测试简表

实训技能理论知识点测试表

序号	测试题目	测试答案（在正确的括号里打"√"）
1	冷冻干燥的叙述正确的是?	①干燥过程是将冰变成水再气化的过程（　　） ②在三相点以下升温或降压,打破固-汽平衡,使体系朝着生成汽的方向进行（　　） ③在三相点以下升温降压使水的汽-液平衡向生成汽的方向移动（　　） ④维持在三相点的温度与压力下进行（　　） ⑤含非水溶媒的物料也可用冷冻干燥法干燥
2	冷冻干燥制品制备时存在哪些问题?	①含水量偏高（　　） ②喷瓶（　　） ③黏度大的药品易出现产品外形不饱满或萎缩的现象（　　） ④异物（　　）

2. 实训技能考核标准

粉针剂制备操作技能考核标准

学生姓名：_____　　　　班级：_____　　　　总评分：_____

评价项目	评价指标	具体标准	分值	学生自评	小组评分	教师评分
实践操作过程评价（60%）	生产前操作（5%）	仪器设备选择	1			
		原辅料领用	1			
		仪器设备检查	1			
		清洁记录检查	1			
		清场记录检查	1			
	生产操作（40%）	称量误差不超过±10%	5			
		无菌过滤	6			
		冷冻干燥	8			
		灌装操作	5			
		轧盖机的操作	8			
		半成品质检	6			
		生产状态标识的更换	2			

续表

评价项目	评价指标	具体标准	分值	学生自评	小组评分	教师评分
实践操作过程评价（60%）	生产结束操作（5%）	余料处理	0.5			
		工作记录	3			
		清场操作	1			
		更衣操作	0.5			
	清洁操作（5%）	人流、物流分开	1			
		接触物料戴手套	1			
		洁净工具与容器的使用	1			
		清洁与清场效果	2			
	安全操作（5%）	操作过程人员无事故	2			
		用电操作安全	1			
		设备操作安全	2			
实践操作质量评价（30%）	过程结果评价（30%）	冷冻干燥机操作正确	20			
		干燥符合要求	10			
实践合作程度评价（10%）	个人职业素养（5%）	能正确进行一更、二更操作	3			
		不留长指甲、不戴饰品、不化妆	0.5			
		个人物品、食物不带至工作场合	0.5			
		进场到退场遵守车间管理制度	0.5			
		出现问题态度端正	0.5			
	团队合作能力（5%）	对生产环节负责态度	1			
		做主操时能安排好其他人工作	1			
		做副操时能配合主操工作	1			
		能主动协助他人工作	1			
		发现、解决问题能力	1			
总分			100			

知识链接 --

冷冻干燥技术原理

自然界的水存在固态、液态和气态三种形式，相态的变化与温度、压力密切相关。在标准大气压下，随着温度的升高，固态的冰将融化成液态的水；达到沸点时，液态的水转化成气态的水蒸气。

在三相点（图23-4中O点），固态、液态和气态三相共存，当气压下降至三相点以下时，固态中的水吸热以后，将不融化，直接升华为水蒸气。

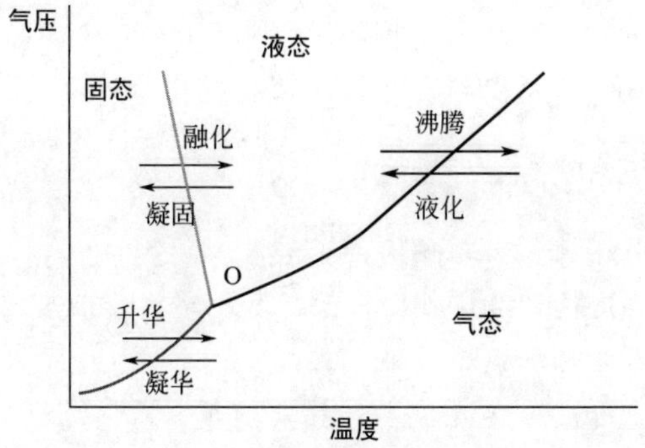

图 23-4　水的三相变化

　　冷冻干燥则是利用真空泵将气压维持在较低水平，然后向冻结的制品提供能量，促使水分升华成为水蒸气，然后被冷阱捕获，从而去除产品中的水分。

　　冷冻干燥技术能够除去产品中 95％～99％ 的水分，保证产品可以长期保存而不变质，有效延长产品的有效期。通常对热敏感、水溶液不稳定的药物，酶制剂、蛋白质、DNA、RNA、代谢产物等生物制品常制成冷冻干燥粉针剂，如注射用细胞色素 C（细胞呼吸抑制剂）、注射用尿激酶等。

【常见设备的标准操作规程】

42.冷冻干燥机标准操作规程

冷冻干燥机 SOP

目的：操作人员能够对冷冻干燥机的正确操作和维护。

范围：适用于多种样品的真空冷冻干燥。

责任者：冷冻干燥机操作人员对本规程的实施负责。

内容：

一、开机前准备

1.开启总电源开关。

2.开计算机，进入"冷冻干燥"界面。

3.设置工艺参数。

二、预冻

1.按"手动"键，进入手动操作系统。按"启动"键，设备处于待机状态。

2.开循环泵，确认泵的出口压力正常（0.05～0.1MPa）。

3.开压缩机，运转几分钟，待各表压稳定后，开启板冷器，使其对干燥箱制冷，直至达到制品的预冻温度，恒温 2～3h。

4.预冻结束前 1h，关板冷器，开启冷凝器，开始对冷凝器室制冷直至－45℃以下。

三、升华

1.开真空泵、小蝶阀、大碟阀，抽真空。

2.当干燥箱真空度达到 20Pa 以下后，设定导热油温度。

3.打开电加热器开始加热。

4.为控制升华速度，可逐步提高导热油温度。

四、恒温干燥

1.确定升华干燥结束。从升华曲线观察，冷凝器温度下降、真空度下降、物品温度升高等，判断升华干燥结束。

2.上调导热油温度，开始恒温干燥。

3.恒温干燥结束后，关电加热器、隔离阀、小蝶阀、真空泵、冷凝器阀，待冷冻机运行 3min 后关压缩机、循环泵。

五、压塞

1.开液压泵，按下降钮，搁板下降，压塞。

2.按上升钮，升起搁板。

3.放气，至干燥箱上真空度表为"0"，放气结束，开门出料。

六、化霜

1.开冷凝器的进水阀、出水阀，热水喷淋化霜。

2.化霜结束，关闭所有阀门。

3.化霜彻底的判断：冷凝器的温度高于室温且温度下降较慢。

七、清洁

按冻干机清洁消毒程序进行清洁消毒。

八、记录

打印冻干曲线，关计算机和电源。填写批次生产记录等。

（汤　洁）

模块九 ►► 生产性实训（四）

项目二十四　板蓝根颗粒的制备

>> 【实训目标】

一、知识目标

1. 中药前处理、提取方法及影响提取效率因素；

2. 颗粒剂不同制备方法的工艺流程及质量检查。

二、能力目标

熟练掌握中药前处理、提取浓缩、醇沉岗位的生产管理要点、质量控制要点、生产中常见问题及解决对策；熟悉中药提取生产工艺及设备。

任务 43　板蓝根颗粒的制备

>> 【处方】

板蓝根	5kg（浓缩浸膏 1L）	蔗糖	3kg
糊精	1kg	95％乙醇	适量
制成颗粒	5kg		

>>· 【处方分析】

板蓝根为主药，糊精、蔗糖为稀释剂，其中蔗糖也是矫味剂。

>>· 【临床适应证】

清热解毒，凉血利咽。用于肺胃热盛所致的咽喉肿痛、口咽干燥；急性扁桃体炎见上述症候者。

>>· 【生产工艺流程图】

板蓝根颗粒的生产工艺流程见图 24-1。

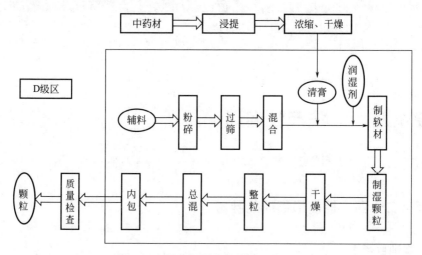

图 24-1　板蓝根颗粒的制备工艺流程

>>· 【制备方法】

1.提取：取板蓝根 5kg，适当粉碎成寸段，加适量水（以浸没药材为宜）浸泡 1h，煎煮 2h，滤出煎液；药渣再加适量水煎煮 1h，合并煎液，过滤；滤液浓缩至适量，加 95％乙醇使含醇量为 60％，搅匀，静置过夜；取上清液回收乙醇，浓缩成约 1L（相对密度为 1.30～1.33）（80℃）的浸膏。

2.制备软材：取板蓝根浸膏，按处方加入蔗糖、糊精混匀，加适量 95％乙醇，边加边搅拌，制成软材。于 50℃烘箱干燥 15min 后备用。

3.整粒：过 16 目筛制粒即可。采用每袋 5g 或 10g 分装即得。

4.操作注意

（1）浓缩药液时，如果溶液过稠或快要浓缩成浸膏时应将火力减弱、缓慢间隔加热，以免浸膏底部因受热不均而变煳。

（2）制备软材时应根据浸膏的黏稠程度、辅料加入后的情况适量滴加乙醇。

>>· 【主要物料】

原料有板蓝根饮片；辅料有蔗糖、糊精、包装塑料膜等。

>>· 【主要生产设备】

摇摆式制粒机、漩涡振荡筛、三维混合机、药典筛、电子天平、热风循环干燥箱、全自动颗粒包装机、万能粉碎机、多功能中药提取罐、提取分离装置、双效节能浓缩器等。

设备的种类及要点	图片展示
提取分离装置(图 24-2) 原理：渗漉法，即药材中不断添加浸取溶剂使其渗透药材，溶剂渗入药材的细胞中溶解大量的可溶性物质，浓度增加，密度增大后向下移动，上层的浸取溶剂或稀浸液置换位置，形成良好的浓度差，使扩散较好地自然进行，故浸取效果优于浸渍法，提取也较完全；可向罐内直通蒸汽收回溶剂 适用范围：适用于制药等行业的植物的常压或加压水煎、温浸、热回流、强制循环、渗漉、芳香油提取及有机溶媒回收等工程操作，特别是使用动态提取或逆流提取效果更佳，时间短，药液含量高	 图 24-2 提取分离装置
双效节能浓缩器(图 24-3) 原理：利用两个减压蒸发器串联而成的浓缩设备，将药液引入蒸发器，同时给第一蒸发器提供加热蒸汽，药液被加热后沸腾，所产生的二次蒸汽引入第二蒸发器作为加热蒸汽，蒸发器内的药液得到蒸发浓缩 适用范围：制药企业中药药有效成分的浓缩，尤其适用于以水浸液的浓缩	 图 24-3 双效节能浓缩器

>>· 【生产实训记录】

1. 实训结果记录格式表（表 24-1、表 24-2）

表 24-1　板蓝根浸膏结果表

项目	板蓝根浸膏
板蓝根饮片重量	
板蓝根滤液总量	
无水乙醇量	
板蓝根浓缩液总量	

表 24-2　板蓝根颗粒结果表

项目	板蓝根颗粒
外观	
粒度	
溶化性	
结论	

2. 实训中间品或成品展示

(侧重于实训过程现象的记载及问题的处理)

>>· 【质量检查】

应符合颗粒剂项下有关的各项规定（《中国药典》2015 年版四部通则 0104）。

>>· 【实训技能考核】

1. 实训测试简表

实训技能理论知识点测试表

序号	测试题目	测试答案(在正确的括号里打"√")
1	中药颗粒剂中中药清膏与辅料应均匀混合,加适量辅料总量多少?	①不超过清膏量 2 倍(　　) ②不超过清膏量 3 倍(　　) ③不超过清膏量 4 倍(　　) ④不超过清膏量 5 倍(　　)

续表

序号	测试题目	测试答案（在正确的括号里打"√"）
2	高速搅拌制粒技术在制粒过程中出现团块的原因有哪些？	①搅拌速度与剪切速度不当（　　） ②制粒时间过长（　　） ③粘合剂喷洒不均匀（　　） ④粘合剂选择不当（　　）
3	干燥后颗粒整粒操作，根据不同制剂工艺要求去除过粗或过细的颗粒，其要求是什么？	粒度检查时，要求不能通过 1 号筛（　　）、2 号筛（　　）、3 号筛（　　）与能通过 5 号筛（　　）、6 号筛（　　）、7 号筛（　　）的总和不得超过供试量的 5%（　　）、10%（　　）、15%（　　）、20%（　　）。

2.实训技能考核标准

学生姓名：_____　　　　班级：_____　　　　总评分：_____

评价项目	评价指标	具体标准	分值	学生自评	小组评分	教师评分
实践操作过程评价（60%）	生产前操作（5%）	仪器设备选择	1			
		原辅料领用	1			
		仪器设备检查	1			
		清洁记录检查	1			
		清场记录检查	1			
	生产操作（40%）	称量误差不超过±10%	2			
		粘合剂、润湿剂配制	5			
		混合操作	5			
		制软材操作	6			
		制粒操作	8			
		干燥操作	6			
		中间体质量控制	6			
		生产状态标识的更换	2			
	生产结束操作（5%）	余料处理	0.5			
		工作记录	3			
		清场操作	1			
		更衣操作	0.5			
	清洁操作（5%）	人流、物流分开	1			
		接触物料戴手套	1			
		洁净工具与容器的使用	1			
		清洁与清场效果	2			

续表

评价项目	评价指标	具体标准	分值	学生自评	小组评分	教师评分
实践操作过程评价（60%）	安全操作（5%）	操作过程人员无事故	2			
		用电操作安全	1			
		设备操作安全	2			
实践操作质量评价（30%）	湿颗粒评价（15%）	软材混合均匀	3			
		软材握之成团、触之即散	3			
		湿颗粒中无大块、长条	3			
		湿颗粒中粉末较少	3			
		湿颗粒在方盘中堆积厚度合理	3			
	干颗粒评价（15%）	干颗粒性状	3			
		过大颗粒与粉末比例	4			
		干颗粒具有一定硬度	4			
		成品得率	4			
实践合作程度评价（10%）	个人职业素养（5%）	能正确进行一更、二更操作	3			
		不留长指甲、不戴饰品、不化妆	0.5			
		个人物品、食物不带至工作场合	0.5			
		进场到退场遵守车间管理制度	0.5			
		出现问题态度端正	0.5			
	团队合作能力（5%）	对生产环节负责态度	1			
		做主操时能安排好其他人工作	1			
		做副操时能配合主操工作	1			
		能主动协助他人工作	1			
		发现、解决问题能力	1			
总分			100			

【常见设备的标准操作规程】

43.多功能中药提取罐的标准操作规程

多功能中药提取罐SOP

目的：建立ZO1403多功能提取罐操作规程。
范围：适用于ZO1403多功能提取罐的操作。
责任者：ZO1403多功能提取罐操作人员对本规程的实施负责。

内容：

一、投料前的准备工作

1.检查设备清洁状态标志，挂上设备正在运行状态标志。

2.启动空压机，关闭出料阀，气动关闭出渣门。

3.向罐内加入一定数量的水，检查出渣门是否漏水，如漏查明原因即时修理，直到不漏为止。

4.适当开启蒸汽阀，检查蒸汽管路及夹套是否漏气，蒸汽压力表计量是否正常。

5.开启进水阀，对冷却系统的管路实行试水，检查管路，管件是否有漏滴现象。

6.一切正常后，备齐要投的中药材准备投料。

二、投料

1.向罐内投放要提取的药材和提取的溶剂，关闭投料盖。

2.慢慢开启蒸汽截止阀对罐夹套进行加热，适度开启余汽阀。

3.当提取溶剂加热到快沸腾之前，打开循环系统的上水阀门，对上升的蒸汽进行循环冷却回流。

4.根据工艺要求保温回流一定时间后回流完毕。

三、出料

1.关闭蒸汽截止阀，关闭上水阀门。

2.打开出料阀进行出料。

3.料液出完慢慢开启出渣门，把残渣出掉。

4.吊油

4.1 在进行一般水提或醇提时，通向油水分离器的阀门必须关闭，只有在吊油时才打开，其加热方式和用水提取相似。不同的是提取过程中药液蒸汽经冷却器进行再冷却后，不直接进入气液分离器内（此时冷却器与气液分离器之间的通道阀门必须关闭），而进入油水分离器进行静置油水分离，使所需要的油从油水分离器的油出口放出，芳香水从回流水管经气液分离器进行气液分离，残余气体放入大气，液体回流到罐体内。应注意在此工艺操作过程中，应先开启气液分离器、气排出口阀放尽非冷凝气，方能使此工艺流程启动。

4.2 两个油水分离器（有些设备只用一件）可以交错轮流工作，吊油进行完毕，对油水分离器内最后残留液，可以从其底部放出。

4.3 根据一般的吊油工艺，需吊油之药物装入罐内后只需少量加水待药物湿润即可加热吊油，切忌大量加水。

4.4 关空气压缩机。

四、清场

1.用饮用水把罐的残留渣子冲洗干净。

2.打扫工作现场，填写设备运行记录。

44.双效节能浓缩器的标准操作规程

双效节能浓缩器 SOP

目的：规范双效浓缩器标准操作，保证正常运行，延长使用寿命。

范围：WZF2-1000双效浓缩器操作人员。

责任：操作人员、车间设备管理员对本规程实施负责。

内容：

1.开机前准备工作

1.1 检查是否有清洁合格证、设备完好证。

1.2 检查加热器蒸汽管、压力表是否正常。

1.3 检查各连接法兰、管件、螺栓是否拧紧，密封处是否完好。

1.4 检查各阀门开启位置是否正确。

2.进料操作

2.1 关闭所有阀门，启动真空系统，打开管道真空总阀和分阀抽真空，待蒸发室上的真空表上升到-0.04MPa时，打开一效进料阀进药液。

2.2 当药液上升到蒸发器下面视镜1/2位置时，关闭进料阀，渐渐打开蒸汽阀门，进行升温加热，进蒸汽压力≤0.095MPa。一效真空控制在-0.02～-0.04MPa范围内，温度85℃±5℃。

2.3 后进二效药液，液面高至视镜1/2位置时，关闭进料阀，同时开启冷凝器的冷却水阀门。二效真空控制在-0.04～-0.06MPa范围内，温度70℃±5℃。

2.4 及时补充药液，当药液循环稳定时，此时进料阀慢慢开小，观察视镜液面高度，进料与蒸发保持相对平衡。一效和二效可分开出料，也可合并出料，将二效浓缩液倒放一效。具体操作方法如下：先关闭二效真空平衡罐上通真空管上的阀门，打开二效蒸发器上的通气阀门。破坏二效真空度，关闭进料阀门，打开一效、二效进料阀，使二效的药液靠一效的真空抽入一效继续加热，直到浓缩达到要求。

3.排放操作

3.1 蒸发到一定时间，二效蒸发室下部排水器及冷凝器下部贮液桶中的冷凝液到视镜处即可开启排放阀放出冷凝液。

3.2 根据药液所需比重，蒸发至一定时间，开启取样阀取样，达到所需比重，即可开启加热室下部放料阀放出药液。

3.3 每批药液浓缩后，利用真空将水抽入加热室内，开启蒸汽阀门，蒸煮几分钟，然后将设备内冲洗干净。

3.4 下班前检查蒸气及循环冷却水阀门是否关闭。

3.5 将设备表面及场地清洁干净。

4.注意事项：开启蒸汽阀门时应缓慢，不能操之过急，应打开疏水阀旁排污阀排尽余水关闭。

（范高福）

项目二十五　阿司匹林片剂的制备

》·【实训目标】

一、知识目标

1.掌握片剂的概念、特点、分类及质量要求；

2.掌握片剂的辅料及湿法制粒压片法；

3.熟悉粉末直接压片法、片剂生产过程中出现的问题与解决的方法及片剂的质量检查。

二、能力目标

掌握实验室中旋转压片机、智能硬度脆碎度仪的结构和操作方法；掌握旋转压片机的拆卸、组装、调试及维护；制备过程中出现问题与解决方法及质量评定方法；了解单冲压片的操作及原理，片剂的辅料种类及选用。

任务44　阿司匹林片的制备

》·【处方】

乙酰水杨酸	300g	淀粉	30g
枸橼酸	15g	10%淀粉浆	适量
滑石粉	15g	纯化水	适量
制成	1000片		

》·【处方分析】

乙酰水杨酸为主药；淀粉为稀释剂；枸橼酸为稳定剂；淀粉浆为粘合剂；滑石

粉为润滑剂等。

▶▶·【临床适应证】

本品用于普通感冒或流行性感冒引起的发热，也用于缓解轻至中度疼痛，如头痛、关节痛、偏头痛、牙痛、肌肉痛、神经痛、痛经。

▶▶·【生产工艺流程图】

同任务 31。

▶▶·【制备方法】

1.10%淀粉浆的制备：将 1.5g 枸橼酸溶于 1000ml 纯化水中，再加入淀粉100g 分散均匀，加热，制成 10%淀粉浆约 1000ml。

2.制粒压片：取乙酰水杨酸细粉与淀粉，混合均匀，加淀粉浆适量制成软材，过 100 目筛制粒，将湿粒于 40～60℃ 干燥，整粒，与滑石粉混匀后测定含量，以ϕ9mm 冲模压片。

▶▶·【主要物料】

乙酰水杨酸、淀粉、枸橼酸、滑石粉。

▶▶·【主要生产设备】

粉碎机、10 目尼龙筛、湿法混合制粒机、快速整粒机、热风循环干燥箱、16目尼龙筛、旋转压片机、电子天平、智能硬度脆碎度测量仪、烧杯、牛角匙、玻璃棒等。

▶▶·【实训结果】

压片生产记录见表 25-1、表 25-2。

表 25-1　压片生产记录 1

品名		规格		批号	
指令	1	冲模规格：			
	2	设备完好清洁：			
	3	本批颗粒为：	标准片重：		g/片
	4	按压片生产 SOP 操作			
	5	指令签发人：			
		压片机编号		完好与清洁状态	
				完好□　　清洁□	

续表

使用颗粒总重量			kg		理论产量			kg
第（　）号机					第（　）号机			
日期	时间	10 片重量	外观质量		日期	时间	10 片重量	外观质量

填写人：

		片重差异检测					
日期	时间	每片重/g				平均片重 /(g/片)	波动范围 /(g/片)
填写人				复核人			

表 25-2　压片生产记录 2

品名			规格			批号		
		日期	片数/n	硬度/N	日期	时间	脆碎度/%	
硬度及脆碎度检查记录			1					
			2					
			3					
			4					
			5					
			6					
			7					
			8					
			9					
			10					

续表

桶号				
净重量/kg				
数量/万片				
桶号				
净重量/kg				
数量/万片				
总重量		kg	总数量	万片
回收粉头		kg	可见损耗量	kg

物料平衡＝(片重量＋回收粉头＋可见损耗量)/领用颗粒总量×100％＝

收得率＝实际产量(万片)/理论产量(万片)×100％＝

操作人		复核人	

备注/偏差情况：

>>>·【实训目标检测题】

1. 淀粉、枸橼酸、滑石粉在阿司匹林片中起什么作用？
2. 压片过程中易出现哪些问题，如何应对？

(范高福)

项目二十六　维生素 C 包衣片的制备

>>>·【实训目标】

一、知识目标
1. 掌握包衣目的、种类及质量要求；
2. 熟悉包衣材料及包薄膜衣的过程。

二、能力目标
掌握薄膜包衣的制备工艺流程；掌握高效包衣机的结构及操作方法；熟悉薄膜包衣材料及薄膜包衣片的质量检测项目；了解薄膜包衣过程中出现的问题及对策。

任务 45　维生素 C 薄膜衣片的制备

>>> **【处方】**

1. 制粒处方

维生素 C	100g	淀粉	6g
糊精	40g	微晶纤维素	1g
硬脂酸镁	20ml	55％乙醇	适量

2. 包衣处方

羟丙甲纤维素	15g	邻苯二甲酸二乙酯	8g
聚乙二醇 6000	8g	滑石粉	20g
95％乙醇	加至 3000ml		

>>> **【处方分析】**

维生素 C 为主药，淀粉和糊精为填充剂，微晶纤维素为崩解剂，硬脂酸镁为润滑剂，羟丙甲纤维素为膜材料，聚乙二醇 6000 和邻苯二甲酸二乙酯为增塑剂，滑石粉为抗粘剂。

>>> **【临床适应证】**

用于预防坏血病，也可用于各种急慢性传染疾病及紫癜等的辅助治疗。

>>> **【生产工艺流程图】**

维生素 C 薄膜衣片的生产工艺流程见图 26-1。

图 26-1　维生素 C 薄膜衣片的制备工艺示意图

>>> **【制备方法】**

将维生素 C、糊精、淀粉加入湿法制粒机中混合后，加入 55％乙醇制成湿颗粒后干燥，整粒（16 目）后总混时加入硬脂酸镁，后压片，配制包衣液包薄膜衣，内包。含维生素 C 应为标示量的 93.0％～107.0％。

>>> **【主要物料】**

原料有维生素 C；辅料有糊精、淀粉、硬脂酸镁、羟丙甲纤维素、邻苯二甲酸二乙酯、聚乙二醇 6000、滑石粉、乙醇等。

>>·【主要生产设备】

湿法混合制粒机、沸腾干燥制粒机、三维混合机、旋转压片机、高效包衣锅、铝塑罩泡包装机等。

>>·【生产实训记录】

包衣生产记录见表 26-1。

表 26-1　包衣生产记录

品名	规格	批号	日期	班次

环境湿度：		相对湿度：		

指令	1. 检查是否具备生产证、清场合格证、设备完好证 2. 按薄膜包衣标准操作过程包衣 2.1　分批分锅将素片用加料斗转运入包衣机锅内 2.2　开启薄膜包衣运输送屏，设定包衣料用量。启动包衣机，在包衣过程中随时检查片面质量，每 100kg 素片使用包衣料不少于 73kg。热风温度控制在 90～130℃，滚筒转速控制为 1～12r/min			

锅号	1	2	3	4
素片量/kg				
包衣料批号				
包衣料量/kg				
预热温度/℃				
喷雾开始时间	时　分	时　分	时　分	时　分
喷雾结束时间	时　分	时　分	时　分	时　分
平均片重/g				
薄膜片重/kg				
薄膜片损耗/kg				
操作人				
清场	包衣完毕，按规定清场、清洁，并填写清场记录。□			

备注：

填写人：　　　复核人：　　　QA：

>>·【质量检查】

应符合片剂项下有关的各项规定（《中国药典》2015 年版四部通则 0101）。

1.外观检查：表明光洁完整，色泽均匀。

2.重量差异

方法：取供试品 20 片，精密称定总重量，求得平均片重后，再分别精密称定每片的重量，每片重量与平均片重比较（凡无含量测定的片剂或有标示片重的中药片剂，每片重量应与标示片重比较），按表 26-2 中的规定，超出重量差异限度的不得多于 2 片，并不得有 1 片超出限度 1 倍。

表 26-2 维生素 C 薄膜衣片重量差异限度

平均片重或标示片重	重量差异限度
0.30g 以下	±7.5%
0.30g 及 0.30g 以上	±5%

（范高福，梁延波）

第四篇

药物制剂的新剂型拓展实训

模块十 ▶▶ 药物制剂新技术新剂型

项目二十七 微型胶囊的制备

▶▶ 【实训目标】

一、知识目标

1. 掌握制备微囊的复凝聚和单凝聚工艺；

2. 熟悉微囊的制备常用材料与质量评价内容、微囊中药物的释放及体内转运。

二、能力目标

学会用复凝聚法制备微型胶囊的方法；熟悉微囊形成的条件及影响成囊的因素；掌握光学显微镜的操作方法及维护；熟悉微囊的性状、粒径及分布的质量检查。

任务 46 鱼肝油微囊的制备

▶▶ 【处方】

鱼肝油	1.5ml	阿拉伯胶	1.5g

A型明胶	1.5g	37％甲醛溶液	2ml
10％醋酸溶液	适量	10％氢氧化钠溶液	适量
纯化水	适量		

>> 【处方分析】

鱼肝油为主药，阿拉伯胶、A型明胶为成囊材料，10％醋酸溶液、10％氢氧化钠溶液为pH值调节剂，37％甲醛溶液为固化剂。

>> 【临床适应证】

用于预防和治疗成人维生素A和维生素D缺乏症。

>> 【生产工艺流程图】

鱼肝油微囊的生产工艺流程见图27-1。

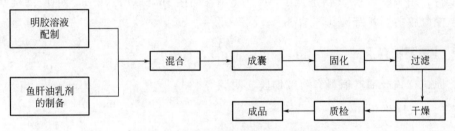

图 27-1 鱼肝油微囊的生产工艺流程

>> 【制备方法】

1.明胶溶液的制备：取A型明胶1.5g加纯化水适量，在60℃水浴中溶解，过滤，加纯化水至50ml，用10％NaOH溶液调节pH值为8.0备用。

2.鱼肝油乳剂的制备：取阿拉伯胶1.5g置于干燥乳钵中研细，加鱼肝油1.5ml，加纯化水2.5ml，急速研磨成初乳，转移至量杯中，加纯化水至50ml，搅拌均匀。同时在显微镜下检查成乳情况，记录结果（绘图），并测试乳剂pH。

3.混合：取乳剂放入烧杯中，加等量3％明胶溶液（pH 8.0）搅拌均匀，将混合液置于水浴中，温度保持45～50℃，取此混合液在显微镜下观察（绘图），同时测定混合液pH。

4.调pH值成囊：上述混合液在不断搅拌下，用10％醋酸溶液调节混合液pH为3.8～4.1，同时在显微镜下观察是否成为微囊，并绘图记录观察结果。与未调pH之前比较有何不同。

5.固化：在不断搅拌下，加入两倍量纯化水稀释，待温度降至32～35℃时，将微囊液置于冰浴中，不断搅拌，急速降温至5℃左右，加入37％甲醛溶液4ml，搅拌 20min，用 10％氢氧化钠溶液调 pH 值至 8.0，搅拌 1h，同时在显微镜下观察绘图表示结果。

6.过滤、干燥：从水浴中取出微囊液，静置待微囊下沉，抽滤，用纯化水洗涤至无甲醛味，加入 6％左右的淀粉，用 20 目筛制粒，于 50℃下干燥后，称重即得。

>>· 【注意事项】

1.此法制备微囊使用的阿拉伯胶带负电荷；而 A 型明胶在等电点以上带负电荷，在等电点以下带正电荷，故明胶溶液要先用 10％NaOH 溶液调节 pH 为 8.0。

2.成囊时，pH 调节不要过高或过低，一般调节 pH 至 3.8～4.1，这时明胶全部转为正电荷，与带负电荷的阿拉伯胶相互凝聚成囊。搅拌速度要适宜，速度过快由于产生离心作用，使刚刚形成的囊膜破坏；速度过慢，则微囊互相粘连。

3.加入甲醛的作用是使囊膜变性。因此，甲醛用量的多少能影响变性程度。最后混合物用 10％NaOH 溶液调节 pH 为 8.0，搅拌 1h，以增强甲醛与明胶的交联作用，使凝胶的网状结构孔隙缩小。

>>· 【主要物料】

原料有鱼肝油；辅料有阿拉伯胶、明胶等。

任务 47　液体石蜡微囊的制备

>>· 【处方】

液体石蜡	5g	阿拉伯胶	5g
A 型明胶	5g	甲醛溶液（12.3mol/L）	5ml
醋酸溶液（90％）	适量	氢氧化钠溶液（200g/L）	适量

>>· 【处方分析】

液体石蜡为主药，阿拉伯胶为乳化剂，A 型明胶既是囊材也是乳化剂，醋酸和氢氧化钠为 pH 调节剂。

>>· 【临床适应证】

临床用于治疗便秘，特别适用于老人和儿童。

>>· 【生产工艺流程图】

液体石蜡微囊的生产工艺流程见图 27-2。

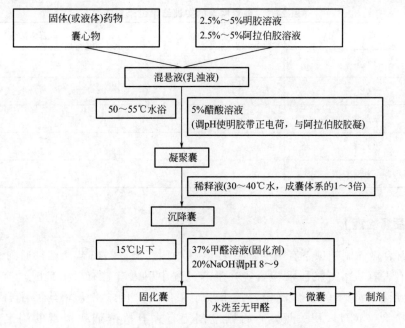

图 27-2　液体石蜡微囊的生产工艺流程

【主要生产检测设备】

显微镜、高剪切均质机等。

【相关主要仪器设备结构及操作视频】

微囊缓释片视频如下。

https：//www.icve.com.cn/portal_new/sourcematerial/edit_seematerial.html?docid=fupnawekjyzbwogiijd9rg

【生产实训记录】

实训结果记录格式表（表 27-1、表 27-2）如下。

表 27-1　微囊制剂的实训结果记录表 1

实训步骤	实训现象	绘图	不同的
明胶溶液			
鱼肝油乳剂			
混合			
成囊			
固化			
过滤、干燥			

表 27-2　微囊制剂的实训结果记录表 2

项目	鱼肝油微囊	液体石蜡微囊
形态		
粒径		
载药量		
包封率		
渗漏率和突释率		

>>· **【质量检查】**

应符合微粒制剂项下有关的各项规定（《中国药典》2015 年版四部通则 9014）。

1.有害有机溶剂的限度检查：在生产过程中引入有害有机溶剂时，应按残留溶剂测定法（通则 0861）测定，凡未规定限度者，可参考人用药品注册技术要求国际协会（ICH）相关规定，否则应制定有害有机溶剂残留量的测定方法与限度。

2.形态、粒径及其分布的检查

（1）形态观察　微粒制剂可采用光学显微镜、扫描或透射电子显微镜等观察，均应提供照片。

（2）粒径及其分布　应提供粒径的平均值及其分布的数据或图形。测定粒径有多种方法，如光学显微镜法、电感应法、光感应法或激光衍射法等。

微粒制剂粒径分布数据，常用各粒径范围内的粒子数或百分率表示；有时也可用跨距表示，跨距越小分布越窄，即粒子大小越均匀。

$$跨距＝（D_{90}－D_{10}）/D_{50}$$

式中以 D_{10}、D_{50}、D_{90} 分别指粒径累积分布图中 10%、50%、90% 处所对应的粒径。

如需作图，将所测得的粒径分布数据，以粒径为横坐标，以频率（每一粒径范围的粒子个数除以粒子总数所得的百分率）为纵坐标，即得粒径分布直方图；以各粒径范围的频率对各粒径范围的平均值可作粒径分布曲线。

3.载药量和包封率的检查：微粒制剂应提供载药量和包封率的数据。载药量是指微粒制剂中所含药物的重量百分率，即

$$载药量＝\frac{微囊、微球与脂质体中所含药物重}{微囊、微球与脂质体的总重}×100\%$$

若得到的是分散在液体介质中的微粒制剂，应通过适当方法（如凝胶柱色谱法、离心法或透析法）进行分离后测定，按下式计算包封率：

$$包封率=\frac{系统中的总药量-液体介质中未包封的药量}{系统中的总药量}\times100\%$$

包封率一般不得低于 80%。

4.突释效应或渗漏率的检查：药物在微粒制剂中的情况一般有三种，即吸附、包入和嵌入。在体外释放试验时，表面吸附的药物会快速释放，称为突释效应。开始 0.5 小时内的释放量要求低于 40%。

若微粒制剂产品分散在液体介质中储存，应检查渗漏率，可由下式计算。

$$渗漏率=\frac{产品在贮藏一定时间后渗漏到介质中的药量}{产品在贮藏前包封的药量}\times100\%$$

5.氧化程度的检查：含有磷脂、植物油等容易被氧化载体辅料的微粒制剂，需进行氧化程度的检查。在含有不饱和脂肪酸的脂质混合物中，磷脂的氧化分三个阶段：单个双键的偶合、氧化产物的形成、乙醛的形成及键断裂。因为各阶段产物不同，氧化程度很难用一种试验方法评价。磷脂、植物油或其他易氧化载体辅料应采用适当的方法测定其氧化程度，并提出控制指标。

6.其他规定：微粒制剂，除应符合本指导原则的要求外，还应分别符合有关制剂通则（如片剂、胶囊剂、注射剂、眼用制剂、鼻用制剂、贴剂、气雾剂等）的规定。若微粒制剂制成缓释、控释、迟释制剂，则应符合缓释、控释、迟释制剂指导原则（通则 9013）的要求。

7.靶向性评价：具有靶向作用的微粒制剂应提供靶向性的数据，如药物体内分布数据及体内分布动力学数据等。

》》【实训思考】

1.用复凝聚工艺制备微囊时，药物必须具备什么条件，为什么？
2.使用交联剂的目的和条件是什么？

（龚菊梅，范高福）

项目二十八 包合物的制备

》》【实训目标】

一、知识目标
1.掌握包合物的概念、特点及制备方法；
2.熟悉包合物的验证及包合材料。
二、能力目标
学会饱和水溶液法制备包合物的工艺；学会验证包合物形成的方法；正确使用恒温磁力搅拌器等仪器。

任务 48 薄荷油-HP-β-环糊精包合物的制备

>>· 【处方】

薄荷油	1ml	HP-β-环糊精（HP-β-CD)	4g
无水乙醇	5ml	蒸馏水	50ml

>>· 【处方分析】

薄荷油为主药，HP-β-环糊精为包合材料，无水乙醇为洗涤剂，蒸馏水为分散溶剂。

>>· 【临床适应证】

具有消炎止痛的作用。对于蚊虫叮咬过的皮肤有脱敏、消炎和抗菌的作用。

>>· 【生产工艺流程图】

薄荷油-HP-β-环糊精包合物的生产工艺流程见图 28-1。

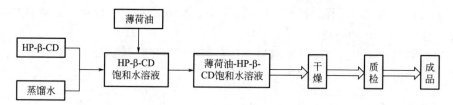

图 28-1　薄荷油-HP-β-环糊精包合物的生产工艺流程

>>· 【制备方法】

1. HP-β-环糊精饱和水溶液的制备：称取 HP-β-环糊精 4g，置于 100ml 具塞三角瓶中，加蒸馏水 50ml，加热溶解，降温至 60℃，即得，备用。

2. 薄荷油-HP-β-环糊精包合物的制备：量取薄荷油 1ml，缓慢滴入到 HP-β-环糊精饱和水溶液中，待出现浑浊逐渐有白色沉淀析出，不断搅拌 2.5h，待沉淀析出完全，抽滤至干，用无水乙醇 5ml 洗涤 3 次至表面无油渍为止，即得。

3. 将包合物置于干燥器中干燥，称重，计算。

>>· 【注意事项】

1. HP-β-环糊精饱和水溶液要在 60℃保温，否则水溶液不澄明。

2. 在包合物制备过程中温度应控制在 60℃±1℃，搅拌时间应充分，析出沉淀应完全，否则影响包合物收率。

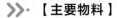

>>· 【主要物料】

原料有薄荷油；辅料有 HP-β-环糊精、无水乙醇等。

>>· 【主要生产检测设备】

薄层色谱仪等。

设备的种类及要点	图片展示
薄层色谱仪(图 28-2) 　原理(薄层色谱法)：将适宜的固定相涂布于玻璃板、塑料或铝基片上，成一均匀薄层。待点样、展开后，与适宜的对照物按同法所得的色谱图作对比，用以进行药品的鉴别、杂质检查或含量测定的方法 　适用范围：合成药品、天然药物提取物的鉴别、杂质检查或含量测定的方法	 图 28-2 薄层色谱仪

>>· 【相关主要仪器设备结构及操作视频】

1. 薄层色谱法的仪器与试剂

https：//www.icve.com.cn/portal _ new/sourcematerial/edit _ seematerial. html? docid＝afgdayqq7brkb7py2qpz6a

2. 薄层色谱法的操作视频

https：//www.icve.com.cn/portal _ new/sourcematerial/edit _ seematerial. html? docid＝kzhab6psodouvh1y5onvq

>>· 【质量检查】

1. 验证包合物形成 ［薄层色谱法（TLC）］

（1）硅胶 G 板的制作　称取硅胶 G 与 0.3％羧甲基纤维素钠水溶液按 1g：3ml 的比例混合均匀，铺板，110℃活化 1h，备用。

（2）样品的制备　取薄荷油-HP-β-环糊精包合物 0.5g，加 95％乙醇 2ml 溶解，过滤，滤液为样品 a薄，薄荷油 2 滴，加无水乙醇 2ml 溶解，为样品 b薄。

（3）TLC 条件　取样品 a薄、b薄 各 10μl，点于同一硅胶 G 板上，用含 15％石油醚的乙酸乙酯为展开剂，展开前将板置于展开槽中饱和 5min，上行展开，展距

15cm，1%香草醛浓硫酸溶液为显色剂，喷雾后烘干显色。

2.包合物中含油量的测定

（1）精密量取薄荷油 1ml，置于圆底烧瓶中，加蒸馏水 100ml，用挥发油测定法提取薄荷油，并计量。

（2）称取相当于 1ml 薄荷油的包合物置于圆底烧瓶中，加水 100ml，按（1）法提取陈皮油并计量。根据所测数值，利用公式（28-1；28-2；28-3）计算包合物的含油率、油的收率及包合物的收率。

$$含油率 = \frac{包合物中实际含油量（g）}{包合物量（g）} \times 100\% \tag{28-1}$$

$$油的收率 = \frac{包合物中实际含油量（ml）}{投油量（ml）} \times 100\% \tag{28-2}$$

$$包合物的收率 = \frac{包合物实际量（g）}{投入的 HP\text{-}\beta\text{-}CD（g）+投油量（g）} \times 100\% \tag{28-3}$$

》》·【生产实训记录】

实训结果记录格式表（表 28-1）如下。

表 28-1　薄荷油-HP-β-环糊精包合物的制备实训结果记录表

项目	外观性状	含油率	油的收率	包合物的收率
HP-β-环糊精饱和水溶液		—		—
薄荷油-HP-β-环糊精包合物				

【实训思考】

1.本实验包合物的主分子是什么，它有何特点？

2.除 TLC 外，用于包合物形成的验证方法有哪些？

（范高福，蔡玉华）

附录 ▶▶ **药物制剂生产的指令、清单及生产记录表**

附录一 批生产指令

产品名称：						
起草人：			审核、批准人：			
签发部门：			签发日期：		生效日期：	

从____年____月____日起，_____车间生产产品为：_____，批量：_____。
规格为：_____，批号为：_____，请按车间工艺规程组织生产。
包装规格：_____。批包装指令下达后方可进行包装。

原辅料定额量

序号	原辅料名称	处方量	单位	损耗率	实际领用量	单位
1						
2						
3						
4						
5						
6						
7						
8						
9						
备注						

附录二 领料单

车间：		产品名称：		规格：	批号：			产量：
材料名称	规格	进厂编号	检验单号	单位	领用数	实发数		备注

车间技术主任：　　　　领料人：　　　　发料人：　　　　发料日期：

附录三 半成品（中间体）**请验单**

品名：	请验部门：
批号：	请验者：
数量：	请验日期：　　年　　　月　　　日
备注：	

附录四 **半成品**（中间产品）**交接单**

半成品(中间产品)交接单

名称：＿＿＿＿＿＿＿＿＿＿＿＿

规格：＿＿＿＿＿＿＿＿＿＿＿＿

批号：＿＿＿＿＿＿＿＿＿＿＿＿

数量：＿＿＿＿＿＿＿＿＿＿＿＿

交料人：＿＿＿＿＿＿＿＿＿＿＿

接料人：＿＿＿＿＿＿＿＿＿＿＿

日期：＿＿＿＿＿年＿＿＿＿月＿＿＿＿日

附录五 **清场合格证**

工序：

原产品名：　　　　　　　批号：

调换品名：　　　　　　　批号：

清场合格证

清场班组：＿＿＿＿＿　清场者签名：＿＿＿＿＿

清场日期：＿＿＿＿＿　QA签名：＿＿＿＿＿

附录六 **粉碎工序生产记录**

品名	规格	批号	日期	班次

生产前准备	1. 操作间清场合格，有清场合格证并在有效期内	☐
	2. 所有设备有设备完好证	☐
	3. 所有器具已清洁	☐
	4. 物料有物料卡	☐
	5. 挂"正在生产"状态牌	☐
	6. 室内温湿度要求：温度 18～26℃	湿度：
	相对湿度 45%～65%	相对湿度：
		签名：

<table>
<tr><td rowspan="2">生产操作</td><td colspan="2">1.粉碎按《20B型万能粉碎机操作规程》操作
2.将物料粉碎,控制加料速度,粉碎后的细粉装入衬有洁净塑料袋的周转桶内,扎好袋口,填好"物料卡"备用</td><td>筛分时间:
　　:　　至　　:
筛分前重量:　　　　kg
筛分后细粉重量:　　kg
筛分后粗粉重量:　　kg

操作人:</td></tr>
</table>

物料平衡	公式:(细粉量+粗粉量)/领料量×100% 　　= 限度:98%~100%						操作人: 复核人:
	名称	领用量	产量	尾料量	残损量	收率	物料平衡

偏差处理	有□无□偏差 偏差情况及处理: QA签名:

附录七　混合工序生产记录

品名	规格	批号	日期	班次

生产前准备	1.操作间清场合格,有清场合格证并在有效期内 2.所有设备有设备完好证 3.所有器具已清洁 4.物料有物料卡 5.挂"正在生产"状态牌 6.室内温度要求:温度 18~26℃ 　　　　　　　相对湿度 45%~65%	□ □ □ □ □ 温度: 相对湿度: 签名:

生产操作	混合机编号:			混合时间:　　　　至	
	物料	名称	用量/kg	名称	用量/kg

续表

生产操作	混合物					
	桶号					
	净重/kg					
	桶号					
	净重/kg					
	总桶数			总净重/kg		
	操作人			复核人		
备注	QA签名:					

附录八 制粒生产记录 1

品名	规格	批号	日期	班次

生产前检查:文件□ 设备□ 现场□ 物料□   检查人:

生产操作	计划产量:		领料人:	
	原辅料名称	批号	领料数量/kg	实投数量/kg
	称量人		复核人	
配浆	品名		浓度/%	
	批号		重量	
	用量		操作人	
粘合剂名称		各缸用量		
预混合时间		湿混时间		操作人

清场合格证副本粘贴处

附录九　制粒生产记录 2

品名	规格		批号		日期		班次	

<table>
<tr><td rowspan="9">干燥</td><td colspan="4">干燥机编号：</td><td colspan="4">完好与清洁状态:完好□ 清洁□</td></tr>
<tr><td colspan="4">第　缸干燥温度：</td><td colspan="4">第　缸干燥温度：</td></tr>
<tr><td>时间</td><td>进风</td><td>出风</td><td>水分/%</td><td>时间</td><td>进风</td><td>出风</td><td>水分/%</td></tr>
<tr><td></td><td></td><td></td><td></td><td></td><td></td><td></td><td></td></tr>
<tr><td></td><td></td><td></td><td></td><td></td><td></td><td></td><td></td></tr>
<tr><td></td><td></td><td></td><td></td><td></td><td></td><td></td><td></td></tr>
<tr><td></td><td></td><td></td><td></td><td></td><td></td><td></td><td></td></tr>
<tr><td></td><td></td><td></td><td></td><td></td><td></td><td></td><td></td></tr>
<tr><td></td><td></td><td></td><td></td><td></td><td></td><td></td><td></td></tr>
</table>

<table>
<tr><td rowspan="13">整粒
总混</td><td colspan="3">整粒机编号</td><td></td><td colspan="4">状态:完好□ 清洁□</td></tr>
<tr><td colspan="3">总混机编号</td><td></td><td colspan="4">状态:完好□ 清洁□</td></tr>
<tr><td rowspan="4">外加
辅料</td><td colspan="3">名称</td><td colspan="2">用量</td><td colspan="2">名称</td><td>用量</td></tr>
<tr><td colspan="3"></td><td colspan="2"></td><td colspan="2"></td><td></td></tr>
<tr><td colspan="3"></td><td colspan="2"></td><td colspan="2"></td><td></td></tr>
<tr><td colspan="3"></td><td colspan="2"></td><td colspan="2"></td><td></td></tr>
<tr><td colspan="2">整粒筛网规格</td><td colspan="3">总混时间/min</td><td colspan="3">颗粒水分/%</td></tr>
<tr><td colspan="2"></td><td colspan="3"></td><td colspan="3"></td></tr>
<tr><td colspan="8">总混后颗粒/kg</td></tr>
<tr><td colspan="2">桶号</td><td colspan="6"></td></tr>
<tr><td colspan="2">净重</td><td colspan="6"></td></tr>
<tr><td colspan="2">总桶数</td><td colspan="3">颗粒总量/kg</td><td colspan="3">可见损耗量/kg</td></tr>
<tr><td colspan="2">粉头量/kg</td><td colspan="3">操作人：</td><td colspan="3">复核人：</td></tr>
</table>

物料平衡＝(总混后颗粒总量＋粉头量＋可见消耗量)/(投入原辅料量＋投入粉头量＋投入浸膏量)× 100%＝

收得率＝(总混后颗粒总量)/(投入原辅料量＋投入粉头量＋投入浸膏量)×100%＝

备注/偏差情况：

附录十　压片生产记录1

品名		规格		批号		批量/万片	日期
操作步骤				记录		操作人	复核人
1.检查房间上次生产清场纪录				已检查,符合要求□			
2.检查房间温度、相对湿度、压力				温度：　℃ 相对湿度：　% 压力：　MPa			
3.检查房间中有无上次生产的遗留物,有无与本批产品无关的物品、文件				已检查,符合要求□			
4.检查磅秤、天平是否有效				已检查,符合要求□			
5.检查用具、容器应干燥洁净				已检查,符合要求□			
6.按生产指令领取模具和物料				已领取,符合要求□			
7.按程序安装模具,试运行转应灵活、无异常声音				已试运行,符合要求□			
8.料斗内加料,并注意保持料斗内的物料不少于1/2				已加料□			
9.试压,检查片重、硬度、崩解度、外观				已检查,符合要求□			
10.正常压片,每15分钟检查片重差异				已检查,符合要求□			
11.压片结束,关机				已检查,符合要求□			
12.清洁,填写清场记录				已清场,填写清场记录□			
13.及时填写各种记录				已填写记录□			
14.关闭水、电、气				水、电、气已关闭□			
备注：							

附录十一　压片生产记录2

品名		规格		批号	
指令	1	冲模规格：			
	2	设备完好清洁：			
	3	本批颗粒为：	标准片重：　　g/片		
	4	按压片生产SOP操作			
	5	指令签发人：			
压片机编号			完好与清洁状态		

续表

				完好□ 清洁□			
使用颗粒总重量			kg	理论产量			kg
第（ ）号机				第（ ）号机			
日期	时间	10片重量	外观质量	日期	时间	10片重量	外观质量

填写人：

片重差异检测				
日期	时间	每片重/g	平均片重 /（g/片）	波动范围 /（g/片）
填写人			复核人	

附录十二 压片生产记录 3

品名			规格			批号		
	日期	片数/n	硬度/N		日期	时间	脆碎度/%
硬度及脆碎度检查记录		1					
		2					
		3					
		4					
		5					
		6					
		7					

续表

	日期	片数/n	硬度/N	日期	时间	脆碎度/%
硬度及脆碎度检查记录		8				
		9				
		10				
		11				
		12				

桶号					
净重量/kg					
数量/万片					
桶号					
净重量/kg					
数量/万片					
总重量	kg	总数量	万片		
回收粉头	kg	可见损耗量	kg		

物料平衡=(片重量+回收粉头+可见损耗量)/领用颗粒总量×100%=

收得率=实际产量(万片)/理论产量(万片)×100%=

操作人		复核人	

备注/偏差情况：

附录十三　包衣生产记录

品名	规格	批号	日期	班次

环境湿度：	相对湿度：

指令	1.检查是否具备生产证、清场合格证、设备完好证 2.按薄膜包衣标准操作过程包衣 2.1　分批分锅将素片用加料斗转运入包衣机锅内 2.2　开启薄膜包衣运输送屏，设定包衣料用量。启动包衣机,在包衣过程中随时检查片面质量,每100kg素片使用包衣料不少于73kg。热风温度控制在90～130℃,滚筒转速控制为1～12r/min

续表

锅号	1	2	3	4
素片量/kg				
包衣料批号				
包衣料量/kg				
预热温度/℃				
喷雾开始时间	时　分	时　分	时　分	时　分
喷雾结束时间	时　分	时　分	时　分	时　分
平均片重/g				
薄膜片重/kg				
薄膜片损耗/kg				
操作人				
清场	包衣完毕,按规定清场、清洁,并填写清场记录。□			

备注:

填写人:　　　　　复核人:　　　　　QA:

附录十四　内包装生产记录

品名	批号	规格	内包规格
日期	班次	室内温度	相对湿度

清场标志	符合□　不符合□	执行	□铝塑包装标准操作规程

内包材料/kg

内包材名称	批号	上班余次	领用数	实用数	本班结余数	损耗数	操作人

偏激(或胶囊)包装　　　　　　　　　　　　　　　　　　/万片或万粒

续表

领料数量	实包装数量	结余数量	费损数量	热封温度

操作人		包装质量检查		检查人	
内包收得率＝实包装数量/领料数量×100%＝			×100%＝		
收得率范围	98%～100%	结论		检查人	
备注					

附录十五　配液、过滤、灌封生产记录

品名		规格		
批号		生产日期		
操作步骤	操作指导		操作记录(是否完成):是√否×	
仪器仪表校正	1.是否核对批生产指令 2.电子天平是否经过校正		□ □ 操作人: 复核人:	
操作前准备	1.是否核对批生产指令 2.是否检查岗位的清场情况和状态标志 3.是否核对原辅料品名、批号、数量 4.直接接触药液的配液罐、量筒、烧杯等是否按清洁SOP进行清洗消毒 5.工器具、洁器具按规定清洗、消毒 6.是否有状态标示卡		□ □ □ □ □ □ 操作人:　复核人:	
备料	物料名称	批号或编号	数量	称量人: 复核人:
配液过滤	1.操作人是否按洁净区人员进出管理规程更衣消毒后进入配液间 2.清场确认:检查是否有前次清场合格证 3.是否按配液罐操作规程进行操作		□ □ □ 投料量:____L	

续表

配液过滤	4.配置工艺 5.药液测试：是否包括 pH、色泽等 6.药液滤过系统：是否按要求选用的过滤材料终端滤过介质	配置开始时间____时____分 加热开始时间____时____分 回流时间____时____分～____时____分 回流温度：____ 配置结束时间____时____分 加入上批余液时____ L 配液总量：____ L 药液 pH ____　　□ 色泽　　　　　□ 　　　　　　　□ 操作人： 复核人：
灌封	1.操作人员是否按洁净区人员进出管理规程更衣消毒后进入配液间 2.设备是否完好、清洁；是否有状态标示卡 3.清场确认；检查是否有前次清场合格证 4.是否按灌封操作规程进行操作 5.灌封工艺 6.灌封质量情况： 7.物料平衡计算 物料平衡＝(产品量＋废品量＋取样量)/理论产量×100%	□ □ □ □ 投料量____ L 灌封开始时间____时____分 灌封结束时间____时____分 理论产量____万支 合格产品量____万支 废品量____万支 取样量____ L 物料平衡＝____% 操作人： 复核人：
清场	1.是否按配液罐或灌封设备清洁操作规程进行清洁 2.是否将废物用塑料袋包好，废物通过传递窗送出洁净室 3.洁净室内的用具、设备部件擦抹后是否回位并摆放整齐 4.是否用浸有消毒液的无净电丝织物擦抹室内四周墙壁、工作台面、生产设备及其死角、器具等设施 5.是否用浸有消毒液的拖把拖地面；是否按地漏清洗消毒规程清洁地漏	□ □ □ □ □ 操作人： 复核人：
特殊情况及偏差处理：		

参考文献

[1] 张健泓.药物制剂技术.第 3 版.北京：人民卫生出版社，2019.

[2] 胡英，王晓娟，药物制剂技术.第 3 版.北京：中国医药科技出版社，2017.

[3] 杨凤琼，许芳辉，江荣高.药物制剂.武汉：华中科技大学出版社，2016.

[4] 国家食品药品监督管理局执业药师认证中心组织编写.国家执业药师考试指南：药学专业知识（一）.第 7
    版，北京：中国医药科技出版社，2015.

[5] 国家药典委员会.中华人民共和国药典.北京：中国医药科技出版社，2015.

[6] 李洪.药品生产质量管理.第 3 版.北京：人民卫生出版社，2019.

[7] 黄家利.药品 GMP 车间实训教程.北京：中国医药科技出版社，2018.

[8] 智慧职教官网视频 https：//www.icve.com.cn/

[9] 国家药典委员会.药品红外光谱集第五卷（2015 版).北京：中国医药科技出版社，2015.